薯类加工科普系列丛书

马铃薯主食加工原料知多少

木泰华　陈井旺　何海龙　编著

科学出版社

北　京

内 容 简 介

马铃薯富含膳食纤维、维生素和矿物质等营养成分，是全球公认的高营养食品。目前，适合我国居民传统饮食习惯的马铃薯馒头、面条等主食产品的加工技术正逐渐兴起。本书对马铃薯主食加工的主要原料、主要辅料、食品添加剂以及马铃薯休闲食品加工技术等进行了详细介绍，为生产高营养、高品质的马铃薯主食加工产品提供了原料保障，有利于促进马铃薯消费，切实发挥马铃薯在提高我国居民营养健康水平中的重要作用。

本书主要是面向关注马铃薯主食加工、营养与保健科学的广大读者，并为相关专业的师生、相关研发领域的学者及企业人员提供参考。

图书在版编目（CIP）数据

马铃薯主食加工原料知多少 / 木泰华，陈井旺，何海龙编著．—北京：科学出版社，2016.12

（薯类加工科普系列丛书）

ISBN 978-7-03-051101-0

Ⅰ.①马…　Ⅱ.①木…　②陈…　③何…　Ⅲ.①马铃薯–食品加工　Ⅳ.①TS235.2

中国版本图书馆CIP数据核字（2016）第308948号

责任编辑：贾　超 / 责任校对：贾伟娟

责任印制：张　伟 / 封面设计：东方人华

科 学 出 版 社 出版

北京东黄城根北街 16 号

邮政编码：100717

http://www.sciencep.com

北京京华虎彩印刷有限公司 印刷

科学出版社发行　各地新华书店经销

*

2017年1月第　一　版　　开本：A5（890×1240）

2018年5月第二次印刷　　印张：3 3/4

字数：60 000

定价：58.00元

（如有印装质量问题，我社负责调换）

前　言

马铃薯俗称洋芋、土豆、山药蛋、地蛋等，是茄科茄属一年生草本植物。原产南美洲安第斯山区的秘鲁和智利一带，于17世纪由东南亚传入我国，至今已有300多年的栽培历史。马铃薯具有低投入、高产出、耐干旱和耐瘠薄等特点，是仅次于水稻、小麦和玉米的第四大粮食作物。

马铃薯中含有多种人体所需的营养物质，如蛋白质、膳食纤维、维生素、矿物质等。马铃薯蛋白由18种氨基酸组成，其中必需氨基酸含量与鸡蛋蛋白相当。马铃薯富含维生素C、维生素B_1、维生素B_2、维生素B_3和维生素B_6等。此外，马铃薯富含矿物质，以钾、镁、磷、铁、锌、铜等的含量尤为丰富。在欧美等发达国家和地区，马铃薯一直是当地居民日常消费主食的重要来源，马铃薯加工技术与装备得到了广泛的关注与研究。马铃薯主要用于鲜食和加工方便食品，马铃薯深加工产品种类丰富，主要以符合欧美等发达国家和地区居民饮食习惯的冷冻马铃薯产品、马铃薯薯条（薯片）、马铃薯薯泥、薯泥复合制品、马铃薯淀粉以及马铃薯全粉等为主，人均年消费量达93kg。然而，受消费习惯和市场需求等因素的影响，我国的马铃薯生产消费增速不快、生产水平不高、消费能力不强。目前，我国马铃薯人均年消费量仅为35kg，多以鲜食为主，而以马铃薯为主要原料的加工制品仅占马铃薯总产量的10%，且产品形式主要为淀粉、全粉、变性淀粉、薯片和油炸薯条等，产品单一、营养价值低，而适合我国居民饮食习惯的馒头、面包、面条、米粉等营养主食化产品匮乏，极大地限制了薯类原料加工与消费的可持续增长，与农业发达国家的差距很大。

2003年，笔者曾在荷兰与瓦赫宁根（Wageningen）大学食品化学研究室Harry Gruppen教授合作完成了一个马铃薯保健特性方面的研究项目。回国后，怀着对薯类研究的浓厚兴趣，笔者带领团队成员开始了对薯类细致专一而又深入的研究。2012年年底，笔者接受了一个马铃薯主食加工技术的研究与开发的任务，于是心怀马铃薯主食化有利于改善居民膳食营养的愿景，马不停蹄、勤勤恳恳地开始了研发工作，目前已在马铃薯馒头、面包等的加工技术方面取得了一些成果。

“巧妇难为无米之炊”。快速推行马铃薯主食化需要成熟的加工技术，也需要具有充足的主食加工原料知识。高营养、低成本的马铃薯主食加工原料是实现马铃薯主食产业化的基础，因此需要掌握马铃薯主食加工原辅料的种类、特点等信息。今天，笔者编写本书的目的主要是从马铃薯主食加工角度详细介绍所需的主要原料、主要辅料以及食品添加剂等，向读者提供有关马铃薯主食加工原料的相关知识，同时还介绍了部分马铃薯休闲食品的配方及制作方法，进而加强消费者对马铃薯主食产品加工原辅料的了解，促进马铃薯主食产品的消费。

限于笔者的专业水平，加之时间相对仓促，书中难免有不妥和遗漏之处，敬请广大读者提出宝贵意见及建议。

木泰华

2016年5月20日于北京

目　录

一、关于马铃薯主食化

1. 我国传统的主食产品

主食是指供应广大老百姓一日三餐消费，满足人体基本能量和营养摄入需求的主要食品。我国几千年传承下来的传统面、米主食品种花式繁多，主要种类有馒头、面条、包子、饺子、米线、饼、油条、白米饭、八宝饭、粽子、蛋糕、面包、散饭、搅团、窝头、锅贴、菜合、肉夹馍、煎饼、蒸饺、炒面、年糕、烧卖、发糕、米粥、豆粥、馓子、花卷，等等。烹调方法有蒸、煮、烙、煎、炸、烤、炒、烩、焖等，以蒸、煮为主。我国地域宽广，同一主食在全国各地的加工方法也不尽相同。例如，北方市场的馒头一般为戗面馒头，不加糖，醒发得相对比较实；而南方市场的馒头则比较软，有时会加糖，醒发得比较膨松。

馒头

花卷

面条

包子

饺子　饼

油条　米饭

八宝饭　面包

锅贴　煎饼

米线

米粉

馒头、米饭、面条、米线、花卷、饺子等蒸煮类主食有着悠久的历史，深受我国城乡居民喜爱，一直是我国民众一日三餐的主食。蒸煮类主食制作过程采用蒸煮方式，不用高温烘烤，不会因烘烤破坏营养或产生不良物质，有利于人体的营养和健康，是我国马铃薯主食发展的主要方向。

2. 什么是马铃薯主食化?

一提起马铃薯，大家就知道它可以做土豆丝、土豆炖牛肉等菜肴，以及马铃薯薯条、薯片等休闲食品，这些产品主要是副食和休闲食品，而作为主食还是十分少见的。

超市里的马铃薯休闲食品

马铃薯主食化的内涵就是将马铃薯加工成适合中国人消费习惯的馒头、面条、米粉等主食产品，从而实现马铃薯由副食消费向主食消费转变、由原料产品向产业化系列制成品转变、由温饱消费向营养健康消费转变。

马铃薯副食

马铃薯主食

3. 市场上可以买到的马铃薯主食产品

目前全国各地从事马铃薯加工研究的院校及企业都在尝试马铃薯主食产品的开发，目前已陆续研发的产品有马铃薯馒头、面条、米粉、米线、包子、花卷、面包、蛋糕、发糕、馕、油条等主食产品以及马铃薯系列休闲食品。

2015年6月1日，由中国农业科学院薯类加工创新团队研制、北京市海乐达食品有限公司生产的首批第一代马铃薯主食产品——30%马铃薯全粉馒头在京津冀超市销售，拉开了马铃薯主食市场化的帷幕。截至2016年5月已上市的马铃薯主食产品除了马铃薯馒头以外，还有马铃薯包子、马铃薯花卷、马铃薯发糕、马铃薯面包、马铃薯面条、马铃薯米线等产品。

马铃薯馒头

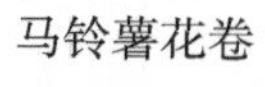

马铃薯花卷

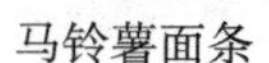

马铃薯面条

马铃薯发糕

马铃薯蛋糕

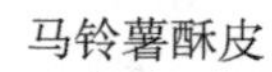

马铃薯酥皮

马铃薯面包

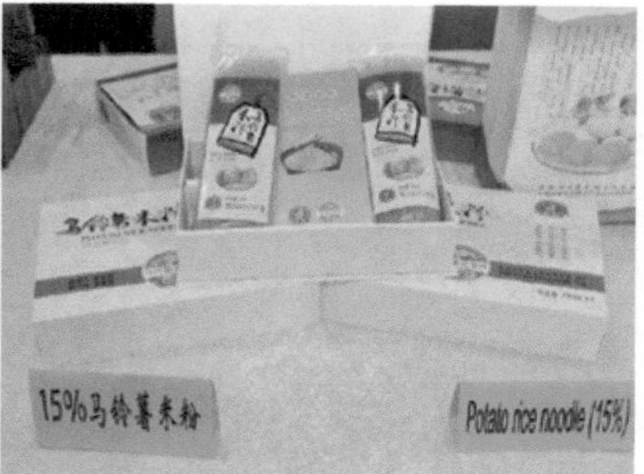

马铃薯米粉

已上市的马铃薯主食系列产品

4. 实现马铃薯主食化需要解决的最根本问题

俗话说“巧妇难为无米之炊”。如何实现马铃薯主食化，需要解决的最根本问题就是马铃薯主食加工原料的问题。具体包括适合加工马铃薯主食的马铃薯品种，以及制作主食的马铃薯加工原料。马铃薯主食添加马铃薯粉的比例根据产品特点及生产工艺有所不同。例如，由于马铃薯中不含面筋蛋白，所以在制作蛋糕等不需要高筋蛋白的产品时，马铃薯粉的添加量就比较高，甚至能完全替代小麦粉。但是，如果是生产馒头，在不改变其配方及工艺条件的情况下，当马铃薯粉添加比例超过15%时，蒸制的馒头就会出现黏度大、易开裂、醒发难等问题。随着工艺的改进以及马铃薯品种的改良，利用纯马铃薯粉做出馒头、面包及面条等主食产品也将指日可待。因此，开展马铃薯主食产品加工需要优化产品配方，结合主食产品特点充分利用现有的马铃薯加工产品，同时积极开发和挖掘适宜马铃薯主食加工的专用原料。

5. 马铃薯主食的加工原料全是马铃薯吗?

马铃薯主食产品主要是将马铃薯全薯成分添加到原有主食配料中，并针对现有主食加工的特点对制作工艺条件进行改变，进而制作出富含马铃薯成分、营养又健康的新型主食产品。也就是说，马铃薯主食的加工原料不一定100%为马铃薯，也可添加小麦粉、米粉、玉米粉等其他原料。目前市售马铃薯主食产品中马铃薯占比（质量分数）一般低于50%，但是随着配方优化及关键技术的突破，也可以生产马铃薯占比为50%～70%的馒头、面条、面包等产品，甚至最终可以用马铃薯粉完全替代传统主食加工中的小麦粉。

目前，市场上可以作为马铃薯主食加工的原料除了鲜马铃薯外，还有马铃薯全粉、马铃薯薯泥等。新鲜的马铃薯可以直接作为马铃薯主食加工原料。例如，可以将鲜薯去皮、蒸制、捣泥后同小麦粉混合和面，然后制备馒头、面条等食品，也可以将马铃薯破碎打汁，与大米等进行混合制作米粉、米线。利用鲜马铃薯直接制作马铃薯主食产品的加工成本低，但是鲜马铃薯存在水分含量高、保存期短、不易储存及运输，且加工过程不易操作等问题，因此以鲜薯制作马铃薯主食产品有一定的局限性，比较适宜家庭式加工，不适宜大规模产业化生产。

鲜马铃薯

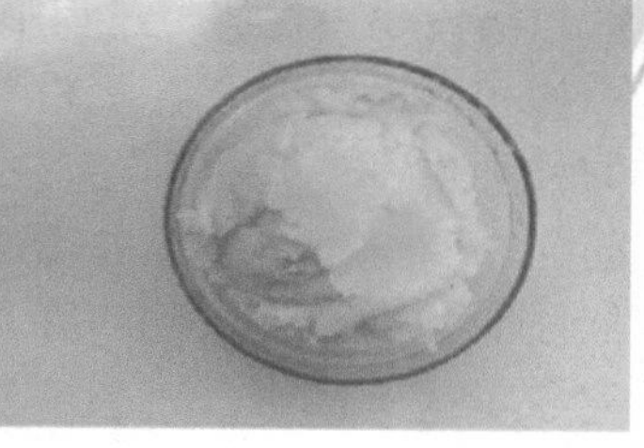

马铃薯薯泥

与马铃薯全薯成分最接近的产品是马铃薯全粉，马铃薯全粉包含了除去马铃薯皮以外的其他所有成分，是马铃薯脱水制品的一种。目前，95%以上的市售全粉都是经过熟化后的马铃薯雪花全粉或颗粒全粉，此类产品经水冲调后即可食用，在第二次世界大战时期曾作为一种战备物资大量生产并在欧美等国家和地区广泛流通，目前主要作为生产薯泥、薯条、薯片及其他焙烤类食品的原料。20世纪90年代初期，马铃薯全粉生产技术及设备陆续进入我国，国内建设得比较早的马铃薯全粉生产线主要是从荷兰、德国等国引进。目前，国内也有一些企业可以独立开发马铃薯雪花全粉设备并达到自动化生产水平。由于马铃薯不含面筋蛋白，马铃薯全粉添加量过大时会降低面坯的面筋蛋白含量，进而影响面筋网络结构的形成，而马铃薯经过熟化后，其中的淀粉已被完全糊化，原有马铃薯淀粉的完整结构已被破坏，因此马铃薯原有的加工特性已被彻底改变，添加量较大时会造成面包和馒头难以成形且烘烤后感官质量较差，这为新型马铃薯主食产品的开发造成了很大的困难。因此，目前在马铃薯主食生产过程中需要增加一些促进面团形成的原辅料及食品添加剂。

多彩的马铃薯雪花全粉

马铃薯主食加工过程中除了马铃薯成分以外，有时还根据需要添加小麦面粉以及谷朊粉等原辅料。产品需求不同，添加小麦粉的种类也不同，目前市售小麦粉主要有低筋面粉、中筋面粉、高筋面粉。一般来讲，中筋和高筋面粉适合做面包、馒头和面条，低筋面粉适合做蛋糕。在马铃薯主食加工中添加的小麦粉，基本上参考这个原则，一般在制作馒头时加入部分中筋面粉，做面包时加入部分高筋面粉，做蛋糕时加入部分低筋面粉。但是如果制作马铃薯全粉添加比例较高的食品，添加高筋小麦面粉或谷朊粉，所得产品感官质量会更好。

6. 马铃薯主食加工产品对原料的要求

同传统主食产品一样，不同马铃薯主食产品对于加工所需要原料的要求也不尽相同。用做蛋糕的原料去做面包，也许可以做出来，但是面包产品的感官和品质就会差很多。

1）制作马铃薯馒头对加工原料的要求

制作马铃薯馒头一般需要选用中筋面粉，所用马铃薯全粉的粗细度最好过100目筛，这样做出的马铃薯馒头会相对比较细腻。生产马铃薯占比为15%以内的马铃薯馒头，可将马铃薯全粉混入小麦粉中，然后根据传统馒头的做法操作即可；但是如果生产占比超过15%的马铃薯馒头，则需要对配方粉进行改进，例如，加入一些马铃薯淀粉、食用蛋白、食品添加剂等辅助马铃薯馒头的醒发和蒸制。

2）制作马铃薯面包对加工原料的要求

制作马铃薯面包一般需要选用中筋面粉或者高筋面粉，所用马铃薯全粉的粗细度过80目筛即可，做出的面包内部孔径较大且均匀、比较膨松。根据产品配方，在生产过程中还需要根据不同风味的要求加入食盐、糖、黄油等辅料。但是如果生产马铃薯占比超过15%的马铃薯面包，则需要对配方粉进行改进，例如，加入适量的食用蛋白、食品添加剂等辅助马铃薯面包的醒发和烤制。

3）制作马铃薯面条对加工原料的要求

制作马铃薯面条需要选用中筋面粉或者高筋面粉，所用马铃薯全粉的粗细度最好过100目筛，全粉越细，制作面条的品质相对越好。根据产品工艺需求，在生产过程中还需要加入食盐等辅料。但是如果生产马铃薯占比超过15%的马铃薯面条，则需要对配方粉进行改进，例如，加入适量的食用蛋白、食品添加剂等辅助马铃薯面条的成形。

4）制作马铃薯蛋糕对加工原料的要求

制作马铃薯蛋糕需要选用低筋面粉，也就是蛋糕专用粉，所用马铃薯全粉的粗细度最好过100目筛。由于蛋糕的制作对面筋要求不高，所以马铃薯全粉的添加量可以大些，但是如果添加马铃薯全粉的比例超过20%，最好用高筋面粉来做，因为蛋糕在焙烤过程中也需要一定的面筋使蛋糕能够“发起来”，进而支撑蛋糕的松软结构，否则蛋糕就会出现上面松软、下面发黏的情况。根据产品配方，在生产过程中还需要加入适量的鸡蛋、糖等辅料。

二、马铃薯主食加工的主要原料

马铃薯主食加工离不开马铃薯，新鲜的马铃薯可以直接用于制作马铃薯主食，特别适用于家庭厨房来做。但是利用新鲜的马铃薯制作主食耗时会比较长，不方便操作，加工过程中马铃薯中的多酚氧化酶会迅速发生褐变反应，导致产品颜色变深，而且马铃薯不易储存，连续化生产消耗马铃薯的量比较大，需要专门建造马铃薯保鲜库等设施。因此，在马铃薯主食研究和生产时，主要以目前市售的马铃薯加工产品为主要原料，如马铃薯全粉、马铃薯淀粉、马铃薯薯泥、马铃薯主食加工专用粉等。另外，马铃薯主食加工还需要小麦粉、玉米粉、小米粉等其他原料。

1. 马铃薯

马铃薯（*Solanum tuberosum*）又名土豆、洋芋、山药蛋等。块茎可供食用，是重要的粮食、蔬菜兼用作物，因其营养丰富有“地下苹果”之称。马铃薯产量高，对环境的适应性较强。在中国，马铃薯的主产区是西南山区、西北、内蒙古和东北地区，其中以西南山区的播种面积最大，约占全国总面积的1/3。目前我国已经审定的马铃薯品种超过400个，种植面积超过10万亩[①]的马铃薯品种有80多个，其中80%以上的品种是国内繁育的品种。马铃薯种植面积最大的品种是‘克新1号’，大约为1200万亩。我国各地栽种马铃薯的产量参差不齐，平均亩产1.1吨，高产区有的品种可以达到亩产4.5吨，也有些地区亩产仅有几百千克。

1）是否所有品种的马铃薯都可以制作马铃薯主食？

马铃薯主食，顾名思义就是以马铃薯为主要原料制作的主食。只要是马铃薯，不管什么品种都应该可以用来做马铃薯主食，但是不同的马铃薯品种做出主食产品的营养价值和感官质量会有很

① 1亩≈666.7m^2

大差别。有些马铃薯品种做出的主食产品既营养又美观，而有些品种可能做出的美观但营养价值低，或者营养价值高但不美观。因此，为了生产高品质的马铃薯主食产品，需要根据主食生产技术要求、产品营养品质评价，对主食加工专用的马铃薯品种进行筛选和培育。

不同品种的马铃薯种薯

2）哪些品种比较适合做马铃薯主食？

考虑到马铃薯的特殊营养价值，以及加工过程对产品品质的影响，制作马铃薯主食的品种最好是干物质含量高、营养价值高、加工性能好的马铃薯品种。其中干物质含量和营养价值高主要体现在蛋白质、淀粉、膳食纤维、矿物质及维生素等含量高；而加工性能好则体现在多酚氧化酶活性低、还原糖含量较低。具有上述特点的马铃薯品种比较适宜制作马铃薯全粉，同样也比较适合作为马铃薯主食产品加工原料。目前，筛选出的适宜用于主食加工的马铃薯品种有‘夏波蒂’‘大西洋’‘青薯9号’和‘一点红’等。

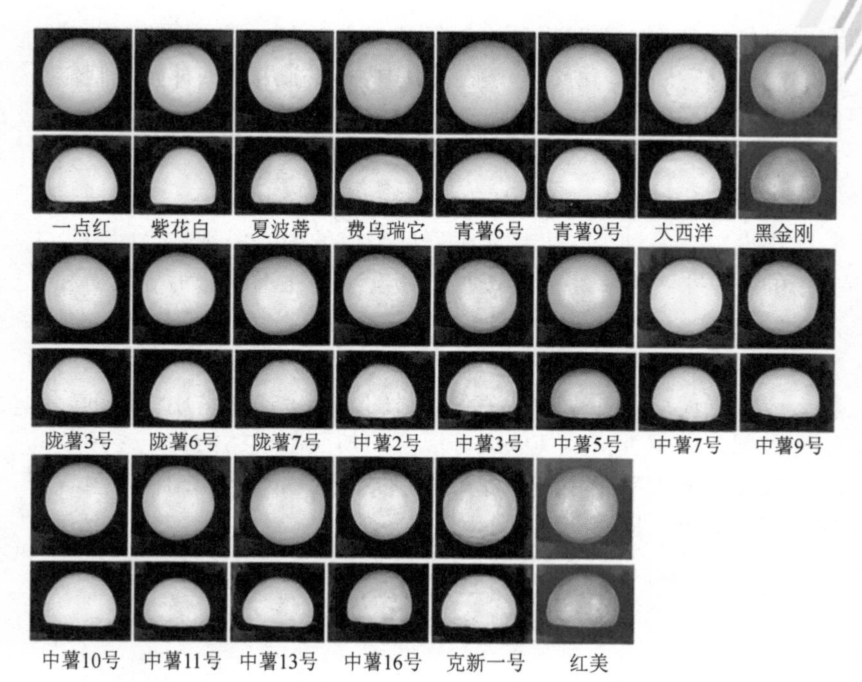

不同品种马铃薯全粉做的馒头（马铃薯全粉占比为30%）

3）如何利用鲜马铃薯做主食？

鲜马铃薯在菜市场、超市中随处可见，比较容易获得，因此在家庭中利用鲜马铃薯做主食比较方便。目前利用鲜马铃薯做主食主要有以下两种方式：

第一种方式：将马铃薯清洗、去皮、切块、蒸煮、捣碎制泥后，按照一定的比例将薯泥与其他原料粉混合，然后按照馒头或面包等食品的加工工艺制作马铃薯主食即可。一般马铃薯薯泥的添加比例不超过60%，添加比例太高时馒头不易醒发。

第二种方式：将马铃薯清洗、去皮、切块、打浆，再与其他原料粉混合，然后按照馒头或面包等食品的加工工艺制作马铃薯主食即可，在打浆过程中需要加少许水。

采用第二种方式制作马铃薯主食主要存在两个问题：一是打浆时马铃薯不易打碎，在同其他原料混合时不易混匀；二是马铃薯含有多酚氧化酶，在粉碎及混合过程中接触氧气后浆液很容易变黑，影响产品感官质量。所以一般在家庭中主要采用第一种方式制作马铃薯主食。

2. 小麦粉

小麦粉是一种由小麦籽粒脱壳后磨成的粉，俗称的“面粉”主要指的就是小麦粉。小麦粉按加工精度和用途不同分为等级粉和专用粉两大类：①等级粉。按加工精度不同可分为特制粉、标准粉、普通粉三类。②专用粉。专用粉是利用特殊品种小麦磨制而成的面粉；或根据使用目的需要，在等级粉的基础上加入食用增白剂、食用膨松剂、食用香精及其他成分混合均匀而制成的面粉。专用粉的种类多样、配方精确、质量稳定，为提高劳动效率、制作质量较好的面制品提供了良好的原料。

1）小麦粉的主要营养成分

小麦粉中所含营养物质主要是淀粉，其次还含有蛋白质、脂肪、维生素、矿物质等。但是精白小麦粉的精细加工导致原来小麦籽粒中的维生素、膳食纤维等成分的含量大大降低，不同等级的小麦粉中的营养成分也不尽相同。下表为不同等级小麦粉的营养成分含量对比。

不同等级小麦粉的营养成分含量对比（每 100 g）

成分名称	小麦粉（标准粉）	小麦粉（特一粉）	小麦粉（特二粉）
能量（kJ）	1439	1464	1460
碳水化合物（g）	73.6	75.2	75.9
水分（g）	12.7	12.7	12
脂肪（g）	1.5	1.1	1.1
灰分（g）	1	0.7	0.6
烟酸（mg）	2	2	2
钙（mg）	31	27	30
钠（mg）	3.1	2.7	1.5
锌（mg）	1.64	0.97	0.96
锰（mg）	1.56	0.77	0.92
蛋白质（g）	11.2	10.3	10.4
膳食纤维（g）	2.1	0.6	1.6
维生素B_1（mg）	0.28	0.17	0.15
维生素B_2（mg）	0.08	0.06	0.11
维生素E（mg）	1.8	0.73	1.25
钾（mg）	190	128	124
磷（mg）	188	114	120
镁（mg）	50	32	48
硒（μg）	5.36	6.88	6.01
铁（mg）	3.5	2.7	3
铜（mg）	0.42	0.26	0.58

2）小麦粉的产品标准

目前，小麦粉的生产主要参考国家标准GB 1355—1986《小麦粉》执行，在小麦粉生产过程中严禁添加过氧化苯甲酰、溴酸钾等增白剂，其中添加的营养强化剂应符合国家标准GB 14880—2012《食品安全国家标准 食品营养强化剂使用标准》的要求。

GB 1355—1986《小麦粉》中小麦粉的各项指标

等级	加工精度	灰分（%，以干物质计）	粗细度（%）	面筋质（%，以湿基计）	含砂量（%）	磁性金属物（g/kg）	水分（%）	脂肪酸值（mgKOH/100g，以湿基计）	气味、口味
特一粉	按实物标准样品对照检验粉色、麸星	≤0.70	全部通过CB36号筛，留存在CB42号筛的不超过10.0%	≥26.0	≤0.02	≤0.003	≤14.0	≤80	正常
特二粉	按实物标准样品对照检验粉色、麸星	≤0.85	全部通过CB30号筛，留存在CB36号筛的不超过10.0%	≥25.0	≤0.02	≤0.003	≤14.0	≤80	正常
标准粉	按实物标准样品对照检验粉色、麸星	≤1.10	全部通过CQ20号筛，留存在CB30号筛的不超过20.0%	≥24.0	≤0.02	≤0.003	≤13.5	≤80	正常
普通粉	按实物标准样品对照检验粉色、麸星	≤1.40	全部通过CQ20号筛	≥22.0	≤0.02	≤0.003	≤13.5	≤80	正常

3）是否所有小麦粉都能与马铃薯粉混合做马铃薯主食？

根据小麦粉中蛋白质含量的多少，可以将小麦粉分为高筋面粉、中筋面粉和低筋面粉。不同筋度小麦粉的加工特性差异显著，在食品工业中的应用领域也不同，因此，不同筋度的小麦粉可以与马铃薯粉混合制作不同种类的马铃薯主食。

高筋面粉：又叫强力粉，指蛋白质含量平均为13.5%左右的面粉，通常蛋白质含量在11.5%以上就可叫做高筋面粉。高筋面粉颜色较深，有活性且光滑，手抓不易成团状；因蛋白质含量高、筋度强，常用来制作具有弹性与咀嚼感的面包、面条等产品，还用于做披萨、泡芙、油条、千层饼等需要依靠很强的弹性和延展性来包裹气泡、油层以便形成疏松结构的产品。在做马铃薯糕点的过程中，如果添加马铃薯粉的比例较大，会导致蛋糕焙烤时发不起来，这时也可以使用高筋面粉，以提高马铃薯的含量及营养成分含量，同时又能保证蛋糕的结构膨松。

营养成分表		
项目	每100克（g）	营养素参考值%
能量	1462千焦(kJ)	18%
蛋白质	13.7克(g)	23%
脂肪	0.9克(g)	2%
碳水化合物	71.5克(g)	24%
钠	0毫克(mg)	0%

中筋面粉：国内俗称特一粉或精制粉，是最普通的面粉，蛋白质含量为9.5%~11.5%。中筋面粉颜色乳白，介于高、低筋面粉之间，体质半松散，一般市售无特别说明的面粉，都可以视作中筋面粉。中筋面粉用于做馒头、包子、饺子、烙饼、面条、麻花等大多数中式点心。目前做马铃薯馒头、包子、花卷等产品主要用此类筋度的面粉。

营养成分表		
项目	每100克(g)	营养素参考值%
能量	1478千焦(kJ)	18%
蛋白质	10.5克(g)	18%
脂肪	0.7克(g)	1%
碳水化合物	74.9克(g)	25%
钠	0毫克(mg)	0%

低筋面粉：又叫薄力粉，蛋白质含量为6.5%~9.5%。低筋面粉颜色较白，用手抓易成团；因低筋面粉筋力小，适合做蛋糕、饼干、蛋挞等松散、酥脆、没有韧性的点心，制成的蛋糕特别松软，体积膨大，表面平整。可以用来制作马铃薯蛋糕、马铃薯蛋挞及马铃薯饼干等产品。

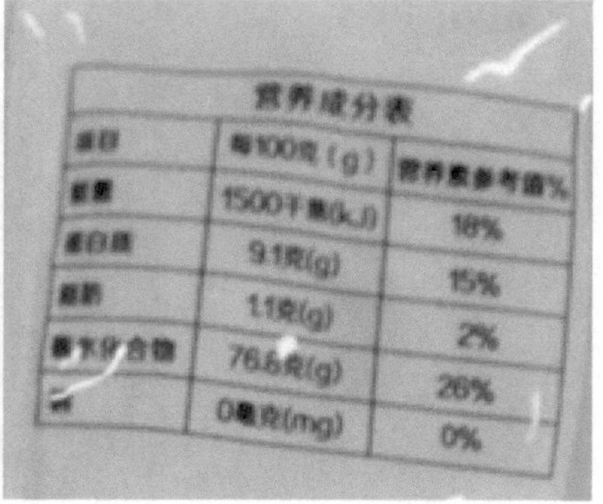

营养成分表		
项目	每100克(g)	营养素参考值%
能量	1500千焦(kJ)	18%
蛋白质	9.1克(g)	15%
脂肪	1.1克(g)	2%
碳水化合物	76.6克(g)	26%
钠	0毫克(mg)	0%

知识点

面筋质：面筋质是一种植物性蛋白质，主要由麦谷蛋白和醇溶蛋白组成。向面粉中加入适量水和少许食盐，搅匀上劲，形成面团，稍后用清水反复搓洗，把面团中的淀粉和其他杂质全部洗掉，剩下的即是湿面筋。小麦粉面筋质的湿基含量，以湿面筋占面团质量的百分率表示。

加工精度：小麦粉的加工精度通常以小麦粉的粉色和所含麸星

（即麦皮屑）的多少衡量，是反映面粉质量的标志之一。

麸星：指小麦粉中含有的麸皮碎片。

灰分：小麦粉经高温灼烧剩下的残渣占试样总质量的百分率，即矿物质含量。

粗细度：小麦粉颗粒的粗细程度，以通过的筛号及留存某筛号的百分率表示。筛上物用1/10感量天平称量，其质量小于0.1g，视为全部通过。

面筋指数：指小麦粉湿面筋在离心力作用下，穿过一定孔径筛板，保留在筛板上面筋质量占全部面筋质量的百分率。它与面筋筋力强弱成正比。

含砂量：小麦粉中细砂质量占试样总质量的百分率。

磁性金属物：小麦粉中磁性金属物的含量，以每千克小麦粉中含有磁性金属物的质量表示（g/kg）。

脂肪酸值：中和100g小麦粉中游离脂肪酸所需氢氧化钾的毫克数，以mgKOH/100g表示。

3. 马铃薯全粉

马铃薯的加工制品很多，但是能够提供丰富的马铃薯营养成分，同时又能兼顾方便性、储藏性等要求的产品却不多。马铃薯全粉含水量低、易储藏、保质期长，比较容易同小麦粉等各种加工原辅料相混合，因此，是目前市场上最适合制作马铃薯主食的加工原料。

1）什么是马铃薯全粉？

马铃薯全粉，顾名思义就是以马铃薯为原料经脱水干燥加工制成的粉状或片状薯类脱水制品。根据原料中淀粉是否糊化分马铃薯生全粉和熟全粉。其中，马铃薯熟全粉在加工过程中经过了蒸煮处理，淀粉发生糊化，包括马铃薯雪花全粉和颗粒全粉，目前市售产品主要以马铃薯雪花全粉为主。马铃薯生全粉在加工过程中温度较低，淀粉未发生糊化，营养损失少，因此保留了部分淀粉的加工性质，但加工过程中容易褐变，感官品质相对较差，目前市场上这类产品比较少见。由于马铃薯生全粉尚未在市面上大量销售，因此本书中如无特殊说明，所使用的马铃薯全粉均指马铃薯熟全粉。

2）什么是马铃薯雪花全粉？

马铃薯雪花全粉是以新鲜马铃薯为原料，经去石、清洗、去皮、拣选、切片、漂烫、冷却、蒸煮、捣泥、滚筒干燥、破碎而成，保持了马铃薯全营养成分和马铃薯色香味的片状熟化制品。马铃薯雪花全粉的生产技术最早来源于欧美等国家和地区，其生产历史悠久、生产设备先进、产品质量稳定，市售的马铃薯全粉多以这种雪花全粉为主。有时根据下游产品的生产需要，会将雪花全粉破碎过筛得到粉状及颗粒状的全粉，以便适宜产品加工。目前，主要以这种马铃薯雪花全粉破碎过筛后的产品作为马铃薯主食加工的原料。

马铃薯雪花全粉加工流程图

3）什么是马铃薯颗粒全粉？

马铃薯颗粒全粉是以新鲜马铃薯为原料，经去石、清洗、去皮、拣选、切片、漂烫、冷却、蒸煮、捣泥、回填、气流干燥、筛分、包装而成的，有效保持了马铃薯营养成分和马铃薯色香味的颗粒状的马铃薯脱水熟化制品。其生产工艺与马铃薯雪花全粉类似，差别在于马铃薯经捣泥后通过回填干燥好的马铃薯全粉，将水分含量降低到40%以下，然后通过气流干燥设备或闪蒸干燥设备进行脱水，最后经过筛分获得颗粒状的马铃薯脱水制品。

马铃薯雪花全粉

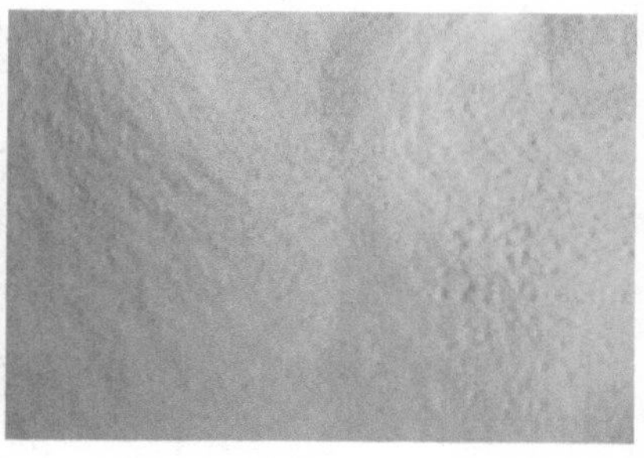

马铃薯颗粒全粉

4）什么是马铃薯生全粉？

马铃薯生全粉是以新鲜马铃薯为原料经脱水干燥加工制成的粉状薯类脱水制品，其中的淀粉未经糊化或糊化度较低。基于马铃薯生全粉加工技术的马铃薯主食专用粉，淀粉糊化度较低，营养及风味损失小，可有效解决马铃薯主食原料价格贵、品质差等问题。目前，马铃薯生全粉的研发及产业化生产试验正在如火如荼地进行中，相信不久后马铃薯生全粉就会走进国内市场。

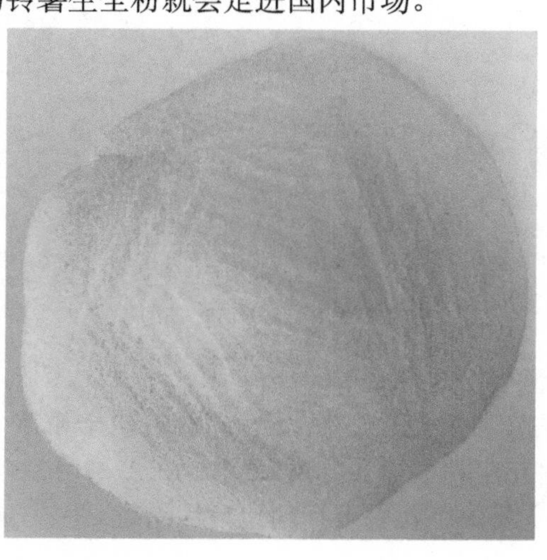

5）马铃薯全粉的营养成分

马铃薯全粉几乎包含了除薯皮以外新鲜马铃薯的全部干物质，包括淀粉、蛋白质、糖、脂肪、膳食纤维、维生素、矿物质等，具体营养成分含量因品种不同而存在差异。由于马铃薯全粉能较好地保留鲜薯的营养成分，因此在食品加工中应用广泛，并日益受到广大消费者的喜爱。

6）马铃薯全粉同鲜薯、马铃薯淀粉及其他谷物粉的营养差别

同鲜薯、马铃薯淀粉及其他谷物粉相比，马铃薯全粉富含膳食纤维、维生素以及钾、磷、铁等矿物质，营养更加均衡。

马铃薯鲜薯、全粉、淀粉及其他谷物粉营养成分对比表

指标		鲜薯	全粉	淀粉	小麦粉	玉米粉	精白米
可食部分（%）		99	100	100	100	100	100
能量（kJ/100g）		322	1494	1381	1540	1515	1490
水分（g/100g）		79.5	7.5	18.1	14	14	15.5
蛋白质（g/100g）		2	6.6	0.1	9	6.6	6.8
脂肪（g/100g）		0.2	0.6	0.1	1.8	2.8	1.3
膳食纤维（g/100g）		0.4	1.6	0	0.2	0.7	0.3
碳水化合物（g/100g）		16.8	81.2	81.6	74.6	75.3	75.5
灰分（g/100g）		1.1	2.5	0.2	0.4	0.6	0.6
矿物质（mg/100g）	钙	5	24	10	20	3	6
	磷	55	150	40	75	90	140
	铁	0.5	3.1	0.6	0.6	0.6	0.5
	钠	2	75	2	2	1	2
	钾	450	1200	34	100	200	110
维生素（mg/100g）	B_1	0.11	0.25	0	0.12	0.13	0.12
	B_2	0.03	0.05	0	0.04	0.08	0.03
	烟酸	1.8	2	0	0.7	2	1.4
	C	23	5	0	0	0	0

7）马铃薯全粉的产品指标

目前，马铃薯雪花全粉以及马铃薯颗粒全粉产品的生产主要参考马铃薯雪花全粉的行业标准SB/T 10752—2012《马铃薯雪花全粉》，该标准主要由感官要求和理化指标组成。感官要求包括色泽、

气味、组织状态及杂质的情况；理化指标包括水分、灰分、还原糖、斑点及蓝值等。

SB/T 10752—2012《马铃薯雪花全粉》感官要求

项目	要求
色泽	色泽均匀
气味	具有该产品的气味
组织状态	呈干燥、疏松的雪花片或粉末状，无结块，无霉变
杂质	无肉眼可见的外来杂质

SB/T 10752—2012《马铃薯雪花全粉》理化指标

项目	指标
水分（%）	≤9.0
灰分（以干基计，%）	≤4.0
还原糖（%）	≤3.0
斑点（个/40目筛上物100g）	≤50
蓝值（样品为80目筛上物）	≤500

8）马铃薯全粉在市场上有销售吗？

目前，在国外市场上，罐装及袋装的马铃薯全粉产品的种类很丰富，产品规格也很多。然而，由于我国居民关于马铃薯的消费方式不同，在国内市场上马铃薯全粉主要作为食品的加工原料，所以普遍以大包装（25kg/袋）的产品进行销售，一般在超市、商店的柜台上小型罐装及袋装马铃薯全粉产品还很少出现。但是随着马铃薯主食产品的不断丰富，人们对马铃薯主食产品认知度的不断提高，小包装的终端马铃薯全粉产品也将陆续摆上柜台。

9）如何利用马铃薯全粉做马铃薯主食？

以马铃薯全粉作为主要原料做马铃薯主食相对比较简单，主要是将马铃薯全粉与小麦粉按照一定的比例混合好，然后按照馒头、面条、面包等主食产品的制作方法进行操作即可。如果只用小麦粉和马铃薯全粉做主食，不添加其他辅料及食品添加剂，一般马铃薯全粉添加比例不要超过15%，如果选择高筋小麦粉，马铃薯全粉添加比例也不要超过20%，否则做出来的馒头和面包容易开裂，面条也不耐煮，比较容易糊汤。

马铃薯全粉15%+小麦粉85%

马铃薯全粉20%+小麦粉80%

马铃薯馒头

知识点

斑点：在规定条件下，用肉眼观察到的杂色点的数量。以每100g样品（40目筛上物）中的个数表示。

蓝值：马铃薯雪花全粉细胞被破坏释放出游离淀粉的程度。以标准碘溶液显色，在波长650nm条件下测定吸光度值，以计算出马铃薯全粉的蓝值。

4.马铃薯淀粉

马铃薯淀粉是薯类淀粉中的一种，是指从马铃薯块茎中提取出的淀粉。早期马铃薯淀粉设备处理量较小时，常常将马铃薯切片、切条或切丁后晾晒干，然后以马铃薯薯干为原料经过破碎后进行提取；目前提取马铃薯淀粉的设备处理量较大，主要是以鲜马铃薯为原料直接提取。

1）马铃薯淀粉和马铃薯全粉的区别

简单讲，马铃薯全粉是马铃薯去皮以后其他所有成分脱水后的产品，其中包括马铃薯淀粉、马铃薯蛋白、马铃薯膳食纤维、矿物质等成分；而马铃薯淀粉是马铃薯块茎中的淀粉，是利用物理方法从马铃薯中提取出来的一部分马铃薯成分，其中几乎不含蛋白、膳食纤维等营养成分。

马铃薯雪花全粉

马铃薯颗粒全粉

马铃薯淀粉

2）马铃薯淀粉的特点

马铃薯淀粉是一种优质淀粉，它具有其他淀粉不能代替的独特品质和功能，拥有一系列的独特性能：①马铃薯淀粉颗粒比其他的淀粉颗粒大，具有高黏性，能调制出高稠度的糊，这使其在工业应用中的品质和档次远高于其他淀粉。②马铃薯淀粉中的支链淀粉的相对分子质量要比大多数其他淀粉高，能产生优良柔韧的膜。③马铃薯淀粉含有天然磷酸基团。马铃薯淀粉虽然也含有直链淀粉，但由于其支链部分的大相对分子质量及磷酸基团的取代作用，马铃薯淀粉糊很少出现凝胶或退化现象。因此，能很好地延长添加它的产品的保质期限，被广泛应用于食品、日用化工等行业作为稳定剂。④马铃薯淀粉口味温和，无刺激性，其没有玉米、小麦淀粉那样典型的谷物口味，所以是食品加工中应用最多的淀粉品种。

3）马铃薯淀粉主要应用领域

马铃薯淀粉的应用非常广泛。目前，我国 90%的马铃薯淀粉都用于食品工业领域，通常作为膨化剂、增稠剂、填充剂等使用，几乎在食品工业中可涉及增稠剂和黏结剂的每一环节都可以采用马铃薯淀粉及其改性产品。最重要的应用领域包括马铃薯粉条粉丝产品、面条类产品、焙烤食品、乳制品、方便食品以及酱、汤、肉、鱼等加工食品。马铃薯淀粉以及淀粉衍生物都可以作为脂肪模拟物及填充物添加到上述食品中。另外，马铃薯淀粉及其衍生物还在化工、纺织、医药、饲料、造纸等许多方面具有广泛的应用。

4）马铃薯淀粉是如何生产的？

大型马铃薯淀粉生产工艺过程与小型生产工艺基本相似，其工艺流程是鲜马铃薯经水力输送后清洗，然后经破碎磋磨、浆渣分离、除砂、淀粉分离、浓缩精制、真空脱水、气流干燥得到马铃薯淀粉成品。

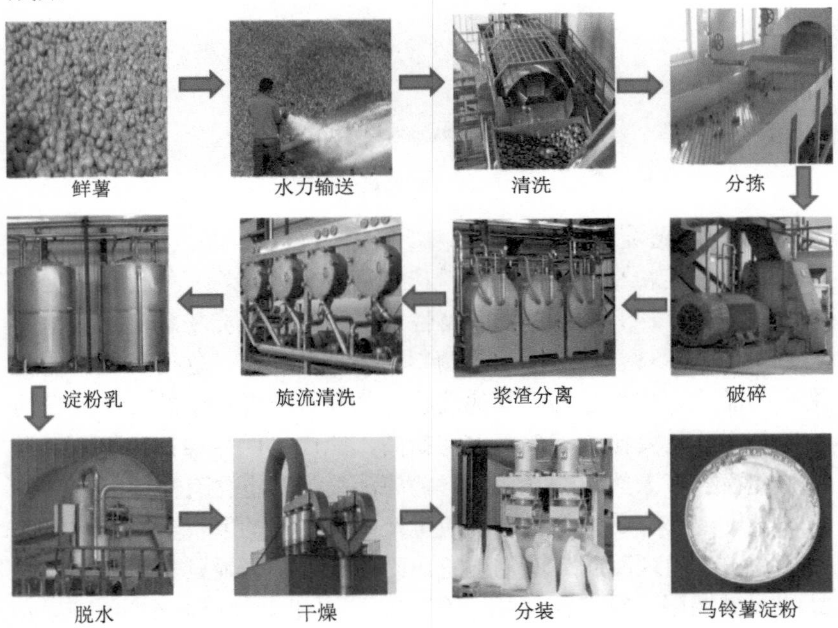

5）马铃薯淀粉的产品标准

目前，国内具有马铃薯淀粉的国家标准GB/T 8884—2007《马铃薯淀粉》，主要参考此标准进行生产和销售，其中涉及马铃薯淀粉的感官要求、理化指标及卫生指标。

GB/T 8884—2007《马铃薯淀粉》感官指标

项目	指标		
	优级品	一级品	合格品
色泽	洁白带光泽		洁白
气味	无异味		
口感	无砂齿		
杂质	无外来物		

GB/T 8884—2007《马铃薯淀粉》理化指标

项目	指标		
	优级品	一级品	合格品
水分（%）	18.00~20.00	≤20.00	
灰分（%，干基）	≤0.30	≤0.40	≤0.50
蛋白质（%，干基）	≤0.10	≤0.15	≤0.20
斑点（个/cm^2）	≤3.00	≤5.00	≤9.00
粗细度[%（质量分数），150μm（100目）筛通过率]	≥99.90	≥99.50	≥99.00
白度（%，457nm蓝光反射率）	≥92.0	≥90.0	≥88.0
黏度[a][BU[b]，4%淀粉（干物质计），700cmg[c]]	≥1300	≥1100	≥900
电导率（μS/cm）	≤100	≤150	≤200
pH	6.0~8.0		

a 合同要求的除外；b 用布拉班德黏度仪测定的黏度单位；c 布拉班德黏度仪灵敏度（圆筒常数）。

GB/T 8884—2007《马铃薯淀粉》卫生指标

项目	指标		
	优级品	一级品	合格品
二氧化硫（mg/kg）	≤10	≤15	≤20
砷（以As计）（mg/kg）	≤0.30		
铅（以Pb计）（mg/kg）	≤0.50		
菌落总数（cfu/g）	≤5000	≤10000	
霉菌和酵母菌数（cfu/g）	≤500	≤1000	
大肠菌群（MPN/100g）	≤30	≤70	

注：cfu 指菌落形成单位；MPN 指最大或然数计数，又称稀释培养计数。

6）马铃薯淀粉在马铃薯主食加工中的作用

在马铃薯主食加工过程中，由于马铃薯淀粉蛋白质含量低、颜色洁白、具有天然的磷光，添加适量的马铃薯淀粉能有效地改善面团的色泽。同时它又具有弹性好、黏度高和抗老化性强等特点，可以显著地改善面团的复水性，提高面团的筋韧度和弹性，改变面团的流变性，降低面团的含油率。用马铃薯淀粉制作的面条和粉丝等产品，不仅颜色好看，而且不易断条。把马铃薯淀粉和变性淀粉添加在糕点面包中，既可以增加营养成分，又可防止面包变硬，从而延长了保质期。

5. 马铃薯薯泥

马铃薯薯泥是以鲜马铃薯为原料经清洗、去皮、蒸煮、捣碎制泥后制成的一种泥状马铃薯产品，产业化加工的马铃薯薯泥主要在冷冻条件下储藏。目前，马铃薯薯泥可以作为即食薯泥等的终端产品来销售，也可以作为快餐食品、冷冻冷藏食品和汤的配料，还可以用于马铃薯主食的加工。

1）马铃薯薯泥的做法

马铃薯薯泥的制作过程不是很难，一般在自家的厨房就可以做，主要的操作步骤包括清洗、去皮、蒸煮、压碎、捣泥。在蒸煮熟化步骤中，可以将马铃薯切成丁或条进行蒸制，也可以直接在水中煮制。由于马铃薯富含淀粉，经过蒸煮后淀粉颗粒吸水膨胀，有时在压碎及捣泥过程中会感觉马铃薯很干，所以可以根据个人喜好增加一些牛奶、水等提高马铃薯薯泥的水分含量及适口性。

鲜马铃薯

清洗去皮

分切

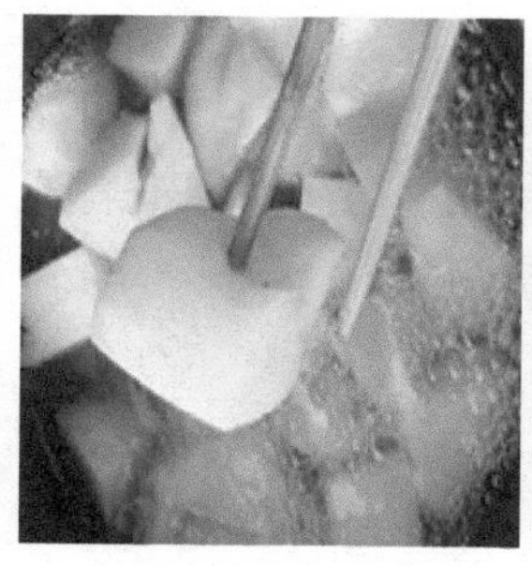
蒸煮

捣碎制泥

马铃薯薯泥

2）马铃薯薯泥在马铃薯主食加工中的作用

在马铃薯主食制作过程中，可用马铃薯薯泥与小麦粉以及其他辅料混合在一起搅拌和面，然后根据馒头、面包、面条以及蛋糕等产品的制作方式进行加工。马铃薯薯泥在主食制作过程中，提供了马铃薯成分，同时提供了一部分水分。

3）利用马铃薯薯泥怎么做马铃薯主食?

利用马铃薯薯泥做主食，主要是将马铃薯薯泥与小麦粉及酵母等其他原料混合在一起，必要时还要加入少许水和面，待和成面团后，再按照做馒头、面条及面包等食品的条件来操作即可。如果马铃薯薯泥是现做的，需要等薯泥温度降低到35℃左右再将酵母等放入，否则会降低酵母的发酵活性。

4）马铃薯薯泥特色小食品

马铃薯薯泥吐司卷：首先制备好马铃薯薯泥，将奶油和奶酪用打蛋器拌软，然后加入马铃薯薯泥拌匀，最后加入适量的砂糖及柠檬汁充分混拌，柠檬味的马铃薯薯泥就做好了。之后根据个人口味将马铃薯薯泥抹在全麦吐司上，以卷寿司的方式卷起，即得到马铃薯薯泥吐司卷。马铃薯薯泥中可以加入苹果汁、猕猴桃汁以及各种风味的果酱替换柠檬汁，也可以用酸奶替代奶油和奶酪。

马铃薯青椒镶盅：首先制备好马铃薯薯泥，将青椒切成对半，去蒂心，洗净沥干并撒上生淀粉备用。然后将马铃薯薯泥、绞好的肉馅及调味料（食盐、五香粉、酱油、葱末、姜末、蒜末）拌均匀，马铃薯薯泥与肉馅的比例以3 ： 1为宜，可根据个人喜好调节比例。

将馅料放在青椒心里抹平，取一段铝箔纸，将青椒镶盅放在上面，然后放入烤箱中250℃烤25~30min即可。

绿茶土豆泥：向制备好的马铃薯薯泥中加入适量牛奶（或者淡奶油）调整土豆泥的稠度。加少量盐和胡椒粉，再加入一勺绿茶粉，充分搅拌均匀，然后把做好的绿茶土豆泥装入裱花袋，在薯片上挤出一朵花的样子即可。

6. 马铃薯主食加工复配粉

马铃薯营养丰富，为了使马铃薯主食更加突出这一特点，在马铃薯主食加工过程中希望马铃薯添加的比例更高一些，但是马铃薯的比例增加到一定程度后，往往会增加马铃薯主食的加工难度，因此需要对马铃薯主食加工的原料粉进行复配和优化，而一般的消费者或主食加工企业在实际操作和生产中难以解决这一问题。因此，为了使马铃薯主食产品便于加工和操作，根据优化的马铃薯主食加工配方生产马铃薯主食加工复配粉，这样一般的消费者或主食加工企业可以直接利用马铃薯主食加工复配粉，按照相关说明进行操作就可以生产出高品质、高营养的马铃薯主食产品。

马铃薯主食加工复配粉，也称作马铃薯主食加工预拌粉、马铃薯主食加工自发粉、马铃薯主食加工复合粉等，是指为了方便马铃薯主食加工而开发的专门用于生产马铃薯主食产品的专用复配原料粉。马铃薯主食加工复配粉主要是根据马铃薯主食产品（如馒头、面包、蛋糕、面条、米粉等）的产品特点及加工工艺要求，将主食加工的原料如小麦粉、马铃薯粉以及酵母等其他辅料或添加剂根据配方比例混合好，并进行单独包装即可销售的一种方便主食加工粉，使用之前只需要根据使用说明进行操作就可以制成相应马铃薯主食产品。目前已开发出的主要马铃薯主食加工复配粉有马铃薯馒头加工复配粉、马铃薯面包加工复配粉、马铃薯蛋糕加工复配粉以及马铃薯面条加工复配粉等。

1）什么是马铃薯馒头加工复配粉？

马铃薯馒头加工复配粉就是指适宜直接制作马铃薯馒头类食品的复配粉，利用这种复配粉根据产品说明中的步骤及操作要求就可以独立生产出马铃薯馒头类产品。马铃薯馒头加工复配粉中的代表成分为马铃薯全粉，一般马铃薯馒头加工复配粉中马铃薯全粉的比例超过15%，达到20%、30%、40%、50%，甚至更高。

2）马铃薯馒头加工复配粉制作的主食产品

马铃薯馒头加工复配粉适宜制作主食的种类有很多种，一般中式发酵类的面点都可以做，如马铃薯馒头、马铃薯花卷、马铃薯包子、马铃薯发面饼、马铃薯发糕、马铃薯糖三角等主食产品。

马铃薯馒头

马铃薯包子

马铃薯花卷

马铃薯发糕

3）马铃薯馒头加工复配粉的主要原料组成

马铃薯馒头加工复配粉的主要成分有中筋小麦粉、马铃薯全粉、马铃薯淀粉、谷朊粉、酵母、食品添加剂等。随着马铃薯馒头加工复配粉中马铃薯全粉比例的不同，具体原料中的原辅料及添加剂的配比及种类也存在一定差异。

4）如何使用马铃薯馒头加工复配粉？

马铃薯馒头加工复配粉的使用方法比较简单，以做马铃薯馒头为例，其主要步骤如下：

（1）取马铃薯馒头加工复配粉，加入适量的水和面，形成面团。

（2）将面团置于温暖处发酵合适的时间，待面团为原面团的2~3倍大时，即可搅拌。

（3）将面团搅拌均匀后，分成大小均一的小面团，然后揉制成形。

（4）在蒸锅中放入凉水，稍微加热，放上马铃薯馒头坯子，盖上锅盖醒发15min，然后开大火蒸30min左右，即可食用。

5）使用马铃薯馒头加工复配粉过程中需要注意的事项

由于马铃薯馒头加工复配粉不同于普通的小麦粉，所以在使用时需要注意以下事项：

（1）在马铃薯馒头加工复配粉中已经添加了酵母，因此在和面时不需要再另外加入酵母或老面。

（2）由于在马铃薯馒头加工复配粉中添加了酵母，和面用水温度不要超过40℃，过高温度会将酵母杀死或降低酵母活性。

（3）若馒头成形与蒸制的间隔时间超过15min，可以直接用大火蒸制30min左右。

6）什么是马铃薯面包加工复配粉？

马铃薯面包加工复配粉就是指适宜直接制作马铃薯面包类食品的复配粉，利用这种复配粉根据产品说明中的步骤及操作要求就可以独立生产出马铃薯面包类产品。马铃薯面包加工复配粉中的代表成分为马铃薯全粉，一般马铃薯全粉的比例超过15%，达到20%、30%、40%、50%，甚至更高。

7）马铃薯面包加工复配粉制作的主食产品

马铃薯面包加工复配粉适宜制作主食的种类有很多种，一般焙烤类的面包都可以做，如马铃薯面包、马铃薯夹心面包、马铃薯汉堡以及马铃薯披萨等主食产品。

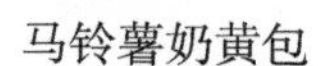

马铃薯奶黄包

马铃薯汉堡

马铃薯披萨

马铃薯面包

8）马铃薯面包加工复配粉的主要原料组成

马铃薯面包加工复配粉的主要成分有高筋小麦粉、马铃薯全粉、马铃薯淀粉、谷朊粉、酵母、食盐、糖、食品添加剂等。随着马铃薯面包加工复配粉中马铃薯全粉比例的不同，具体原料中的原辅料及添加剂的配比及种类也存在一定差异。

9）如何使用马铃薯面包加工复配粉？

马铃薯面包加工复配粉的使用方法比较简单，以做马铃薯面包为例，其主要步骤如下：

（1）取马铃薯面包加工复配粉，加入适量温水（温度在30℃左右）搅拌和面，形成面团。

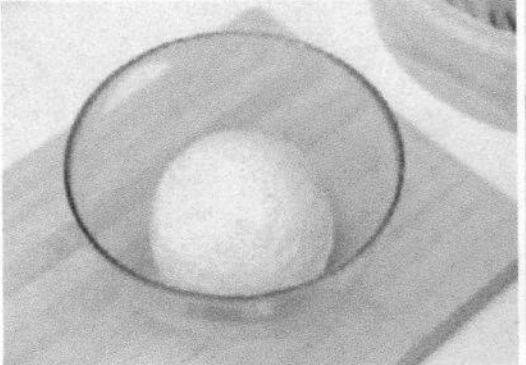

（2）盖上笼布或盖子，置于温暖处发酵2h左右，使面团膨胀2~3倍大。

（3）将面团搅拌均匀后，把面团取出来，为了不粘手，先在面团上面撒一层薄薄的高筋面粉，然后迅速抓起面团，用刀切断。将面团揉搓成球形，然后放在铺了烘焙防粘油纸的盘子上。

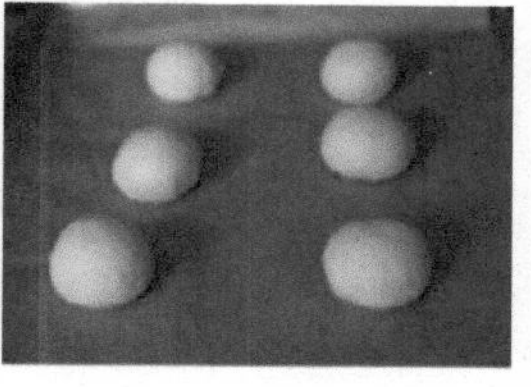

（4）将成形后的面团在37℃左右的醒发箱内醒发45~60min后进行烤制，同时将烤箱打开设置焙烤温度进行预热，一般上火为150℃，下火为170℃。

（5）将醒发好的面团在烤箱中焙烤，焙烤时间为25min左右，焙烤至面包表面焦黄即烤好。然后关闭烤箱，将面包取出晾凉即可食用。

10）使用马铃薯面包加工复配粉过程中需要注意的事项

由于马铃薯面包加工复配粉不同于普通的小麦粉，所以在使用时需要注意以下事项：

（1）马铃薯面包在焙烤过程中会损失一部分水分，因此面包容易发干。为了防止面包发干，一方面，在和面时需要添加比馒头更多的水；另一方面，在焙烤过程中最好可以在烤箱中补充些水分。

（2）马铃薯面包加工复配粉和面过程中加水量较大，一般30%马铃薯全粉的马铃薯面包加工复配粉和面时的加水比例为1 ： 0.6，也就是说1kg复配粉要加0.6kg的水。因为复配粉中添加了酵母，如果和面温度高，会促进面团醒发，使面团变黏。和面用水温度一般不要超过40℃，过高温度会将酵母杀死或降低酵母活性。

（3）在马铃薯面包醒发过程中，需要保持一定的湿度，否则会在焙烤过程中使马铃薯面包开裂，影响产品感官品质。

11）什么是马铃薯面条加工复配粉？

马铃薯面条加工复配粉就是指适宜直接制作马铃薯面条类食品的复配粉，利用这种复配粉并根据产品说明中的步骤及操作要求就可以独立生产出马铃薯面条类产品。马铃薯面条加工复配粉中的代表成分为马铃薯全粉，一般马铃薯全粉的比例超过20%，达到25%、35%、45%、55%，甚至更高。

12）马铃薯面条加工复配粉制作的主食产品

马铃薯面条加工复配粉可以做很多种主食，既可以做一般全国各地的面条类主食产品，如挂面、鲜切面、炸酱面及臊子面等各地特色面条，也可以做各种非发酵的饼类食品，同时采用高筋面粉等原料制作的马铃薯面条加工复配粉也可以做意大利面等西式面制食品。

13）马铃薯面条加工复配粉的主要原料组成

马铃薯面条加工复配粉的主要成分有高/中筋小麦粉、马铃薯全粉、植物蛋白、变性淀粉、食品胶、食品乳化剂、面团品质改良剂等。随着马铃薯面条加工复配粉中马铃薯全粉比例以及制作马铃薯面条产品种类的不同，配方粉中原辅料及添加剂的配比及种类也存在一定差异。

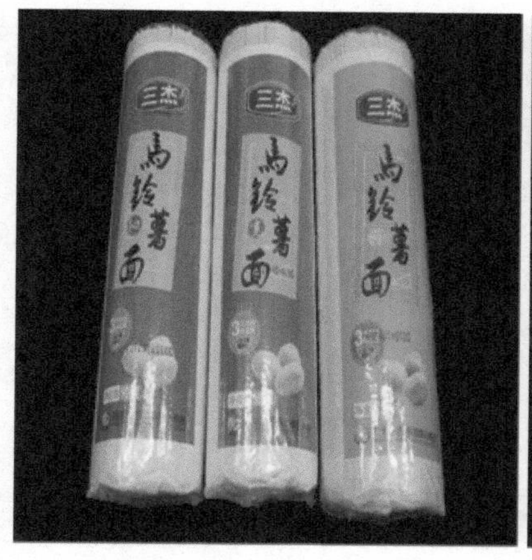

14）如何使用马铃薯面条加工复配粉？

马铃薯面条加工复配粉的使用方法比较简单，以家庭中制作马铃薯面条为例，其主要步骤如下：

（1）取马铃薯面条加工复配粉，加入适量温水（温度在30℃左右）搅拌和面，形成面团。

（2）将面团在室温下用保鲜膜盖上饧面20~30min。

（3）将面团进行反复揉搓压面，压成饼状，如果有小型面条机，可以反复压面3~5次。

（4）将压好的面团用擀面杖擀薄，大概0.3mm左右厚度，如果有小型面条机，可以调整压面辊至合适的间距压面，并切割成形。

（5）将分切好的面条投入沸水内，开火后煮3min左右即可。如果需要制备干面条，可将面条置于通风处干燥。

15）使用马铃薯面条加工复配粉过程中需要注意的事项

由于马铃薯面条加工复配粉不同于普通的小麦粉，所以在使用时需要注意以下事项：

（1）马铃薯面条加工复配粉含有马铃薯全粉，因此其面筋含量相对较少，和面后不易成团。所以制作马铃薯面条时，和好面团的饧发时间比一般小麦粉面团要稍长一些，为的是让面团更好地熟化。熟化即自然成熟，也就是借助时间的推移来改善产品品质的过程。

（2）制作马铃薯面条的过程中，和面时的加水量、搅拌速度、搅拌时间、熟化以及压面效果对面团的形成与面条成形至关重要，所以在产业化生产马铃薯面条时要根据设备情况选择和优化好面条制作参数，保证马铃薯面条的质量。

（3）因为马铃薯面条缺少面筋，所以在煮马铃薯面条的过程中，要减少马铃薯面条的煮沸时间。马铃薯全粉含量越高煮沸时间相对越短，否则会导致面条糊汤，影响面条品质。

7. 马铃薯主食加工专用粉

马铃薯主食加工专用粉是指为了满足马铃薯主食加工需要生产的专门用于生产马铃薯主食产品的专用原料粉，其中的马铃薯淀粉未发生糊化，且没有马铃薯生全粉的涩味，颜色更易于消费者接受。根据马铃薯主食的种类将马铃薯主食加工专用粉与小麦粉、酵母及其他原辅料混合，制成适宜加工馒头类食品的马铃薯馒头加工复配粉，适宜加工面包类食品的马铃薯面包加工复配粉。

8. 高纤马铃薯功能粉

高纤马铃薯功能粉就是富含膳食纤维的马铃薯粉，主要是以马铃薯淀粉加工产生的薯渣为原料，通过精制、脱水、干燥、粉碎等处理获得马铃薯粉，其主要成分是膳食纤维（48%）、淀粉（37%）、蛋白质（4%）、矿物质（4%）等，可以作为一种新型的马铃薯主食加工原料。高纤马铃薯功能粉中含有丰富的膳食纤维、淀粉等成分，可以通过营养评价及配方优化，向其中复配一些其他营养及功能成分，进而作为一种新型的高纤马铃薯主食加工专用粉。

马铃薯渣

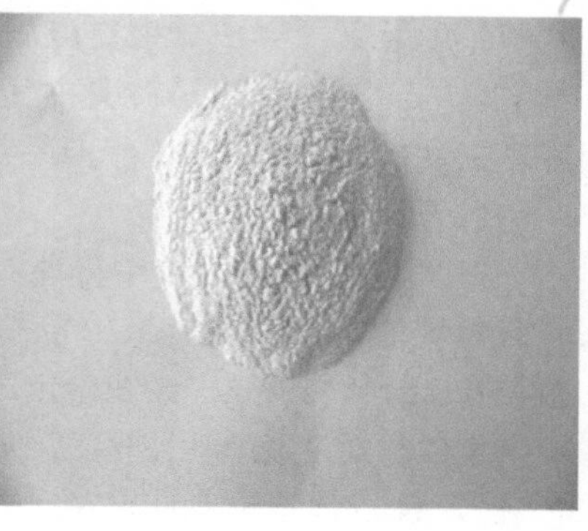

高纤马铃薯功能粉

高纤马铃薯功能粉富含膳食纤维，且其中的淀粉和蛋白尚未发生变性，因此可同小麦粉、马铃薯全粉、马铃薯淀粉等作为主要原料生产高纤马铃薯馒头、马铃薯面包及马铃薯饼干。

9. 其他

除了以上原料可以制作马铃薯主食外，还有其他一些原料也可以添加到原料粉中制作马铃薯主食，如玉米粉、小米粉、大米粉等谷物原料粉。这些产品也富含淀粉、蛋白质等主食加工所需的关键成分，同马铃薯粉等进行配比可以生产出适合大众消费的马铃薯主食产品，且其营养成分也更能满足人体需求。另外，可以根据马铃薯主食的需要生产出马铃薯主食加工所需的专用粉以及特色高纤马铃薯主食加工专用粉，这些产品都可以作为马铃薯主食加工的原料。

1）玉米粉

玉米粉是蒸制主食中经常使用的一类原料，其具有十分丰富的营养价值。据测定，每100g玉米粉中含有蛋白质8.5g、脂肪4.3g、糖类72.2g、钙22mg、磷210mg、铁1.6mg，另外还含有胡萝卜素及维生素B_1、维生素B_2和烟酸等维生素。玉米粉所含脂肪是小麦粉的4~5倍，且富含不饱和脂肪酸，其中50%为亚油酸，能降低胆固醇，防止高血压、冠心病、心肌梗死等疾病的发生，并具有延缓脑功能退化的作用。玉米粉含有较多的纤维素，能促进胃肠蠕动，缩短食物残渣在肠内的停留时间，把有害物质排出体外，对防止直肠癌具有重要的意义。

玉米粉

另外，玉米粉中的赖氨酸含量丰富，可以缓解小麦粉中赖氨酸的不足。玉米粉具有独特的香味，但口感比较粗糙。将玉米粉添加到马铃薯主食加工专用粉中，一方面可以改善玉米粉加工品质的缺陷，另一方面也可使小麦、马铃薯、玉米的营养互补，进而起到增加营养、改善产品口味的目的，进一步丰富马铃薯主食产品的种类。

55%马铃薯玉米馒头

（含玉米粉10%）

2）大米粉

大米粉是以大米为原料制成的粉状产品，根据大米加工前是否熟化可以分为生大米粉和熟大米粉两大类。作为主食加工原料，我们常用的是生大米粉。生大米粉有籼米粉和糯米粉两种，籼米粉是直接用籼米磨成的粉，其中有纯籼米粉，籼米、粳米混合粉和添加香料的米粉，这类粉多用于做粉蒸菜，或制作米松糕；糯米粉，也有的地方称作糯米面，是糯米用水浸泡后，连水一起磨成浆，然后经过滤、干燥、碾压而成，质极细，用于做汤圆（即元宵）皮料。熟大米粉也有籼米粉和糯米粉两种。主要是将大米炒熟，然后再磨细成粉，食用时只要冲入沸水调制成糊状即可，是中国传统的方便食品；也可以同马铃薯全粉以一定的比例进行复配制成马铃薯大米粉糊，食用时可添加一些果酱和蜂蜜，风味更佳。

大米粉

55%马铃薯大米馒头

（含大米粉10%）

3）小米粉

小米的营养价值很高，是一种具有独特保健作用、营养丰富的优质粮源和滋补佳品。据测定，每100g小米粉中含蛋白质9.7g、脂肪1.7g、碳水化合物76.1g。一般粮食中不含有的胡萝卜素，每100g小米粉中的含量达0.12mg，维生素B_1的含量位居所有粮食之首，其中还含有钙29mg、磷240mg、铁4.7mg以及镁、硒等矿物质元素。小米粉常用于面制食品加工中，有时作为主要原料进行加工。中医认为，小米味甘、咸、微寒，具有滋养肾气、健脾胃、清虚热等疗效。因此，将小米粉复配到马铃薯主食中有利于增加产品的风味，改善产品色泽，同时将大大增加主食的营养，使其营养更加丰富和均衡。

、小米粉

55%马铃薯小米馒头
（含小米粉10%）

4）甘薯

甘薯又称红薯，常用于蒸制食品中，甘薯的天然甜味是其他谷物类食品无法比拟的。甘薯含有丰富的氨基酸，其富含大米粉、小麦粉中比较稀缺的赖氨酸，另外甘薯中的维生素A、维生素B_1、维生素B_2、维生素C和烟酸的含量都比其他粮食高，钙、磷、铁等无机物的含量也比较丰富。甘薯具有紫心、红心和黄心等不同品种，紫甘薯含有丰富的花青素，因此还具有抗氧化、预防衰老等功效。甘薯是一种生理碱性食品，人体摄入后，能中和肉、蛋、米及面等产生的酸性物质，可以调节人体的酸碱平衡。甘薯性味甘平，有补脾胃、养心神、益气力、活血化瘀、清热解毒的功效，现代医学还发现，甘薯具有预防癌症和心血管疾病的作用。将甘薯作为一类健康食品应用在马铃薯主食产品加工中，将具有十分广泛的前景。

紫薯全粉

55%马铃薯紫薯馒头
（含紫薯全粉10%）

三、马铃薯主食加工的主要辅料

1. 食盐

食盐，又称餐桌盐，是对人类生存最重要的物质之一，也是烹饪中最常用的调味料，在中国有一句古语："开门七件事，柴、米、油、盐、酱、醋、茶"，可见食盐在人们生活中的地位。在马铃薯主食加工过程中也常用食盐调味并改善产品质量。

1）食盐的基本信息

食盐的主要成分是氯化钠（化学式为NaCl），含量约为99%，部分地区生产的食盐会加入氯化钾以降低氯化钠的含量，从而降低高血压发生率。同时世界大部分地区的食盐都通过添加碘预防碘缺乏病，添加了碘的食盐称为碘盐。食盐属白色晶体，吸湿性强，如果空气湿度超过70%，会发生潮解，但如果空气湿度过低，就会产生干缩和结块的现象，所以食盐要保存在干燥的密封容器中。

2）食盐在马铃薯主食加工中的作用

食盐除了可以添加到馅料或层加料中增加咸香味外，还可以加入面团中对其性质进行改良，如增加面团的筋力而提高其持气性、杀菌防腐延长产品保质期、增白使产品光亮美观。一般面团中不宜过量添加食盐，以防止面团筋力过强而使产品萎缩，或阻碍酵母及其他成分的生长繁殖及具体功能作用的发挥。

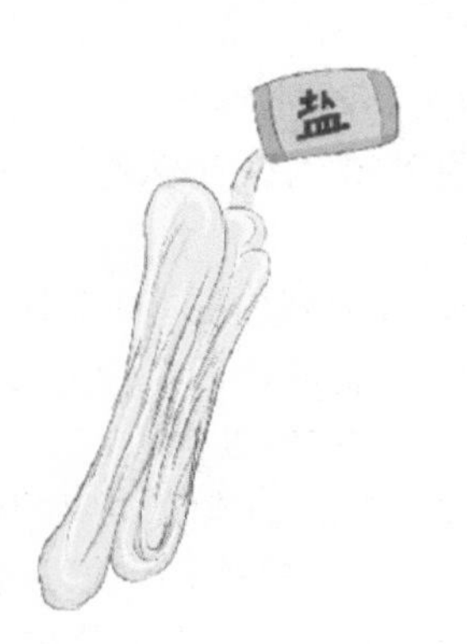

2. 糖类

糖类是日常生活中最常见的一种调味品，在食品加工中经常用到，也适用于马铃薯主食及休闲食品。糖的种类很多，加工中常用的糖主要是蔗糖。

1）蔗糖产品的种类

马铃薯主食及休闲食品生产中主要使用蔗糖的品种有白砂糖、黄砂糖、绵白糖、红糖等。其中白砂糖品质最优、来源充足、用途广泛。

（1）白砂糖：简称砂糖，是纯度最高的蔗糖产品，蔗糖含量达99%以上，它是从甘蔗或甜菜中提取糖汁，经过过滤、沉淀、蒸发、结晶、脱色、重结晶、干燥等工艺而制得。白砂糖按其晶粒大小又有粗砂、中砂、细砂之分。对白砂糖的品质要求是晶粒整齐、颜色洁白、干燥、无杂质、无异味。

（2）黄砂糖：黄砂糖晶粒表面的糖蜜未洗净，并且未经脱色，显黄色或红色。其极易吸潮，不耐保存。由于无机杂质较多，特别是含铜量较高，最高可达万分之二以上，此种糖含杂物、水分较多，使用时应加以预处理。因黄砂糖具有特殊的医疗保健和着色作用，食品中仍有一些使用。

（3）绵白糖：又称绵砂糖和白糖，颜色洁白，具有光泽，是由白砂糖加入2.5%左右的转化糖浆或饴糖制成，因此晶粒小而均匀，质地绵软、细腻，甜度较高，蔗糖含量在97%以上。

（4）红糖：红糖是甘蔗榨汁后过滤再熬制浓缩而成的产品，还含有很多的“杂质”。由于颜色的不同，有黑糖、红糖、黄糖等不同名称，颜色越深，糖的纯度越低。红糖中的蔗糖含量在90%以上，市面出售的大多数红糖中糖分含量达95%，甚至有的高达98%以上。一般来说，糖分含量低一些、颜色深一些的红糖，其中的“杂质”多保留一些。红糖再经过纯化、脱色处理，就会变成白糖。白糖经过结晶，能够形成砂糖和冰糖。由于工艺的差异，冰糖和砂糖也有黄冰糖、黄砂糖和白冰糖、白砂糖之分。

2）糖类在马铃薯食品加工中的作用

糖类在马铃薯主食及休闲食品加工过程中的主要作用如下：

（1）改善制品的风味：糖类本身是甜味剂，在食品中显示柔和纯正的甜味。糖类还可以与蛋白质、脂肪以及其他成分作用产生特殊风味或加强某种风味。

（2）改善面团结构特性：由于糖类的吸湿性，它不仅吸收蛋白质胶粒之间的游离水，同时会造成胶粒外部浓度的增加，使胶粒内部的水分产生反渗透作用，从而降低蛋白质胶粒的胀润度，造成和面过程中面筋形成程度降低，弹性减弱，面团变得黏软。由于糖类在面团调制过程中的反水化作用，每增加1%的糖量，面粉吸水率降低0.6%左右。所以，糖可以调节面团筋力、控制面团的弹塑性以及产品的内部组织结构。

（3）调节面团发酵速度：糖类可以作为发酵面团中酵母的营养物，促进酵母菌的生长繁殖，提高发酵产气能力。在一定范围内，加糖量多发酵速度快，单糖比多糖更有效。但当糖量超过一定限度时，会减慢发酵速度，甚至使面团发不起来，这是因为糖的渗透作用抑制了酵母的生命活动。

（4）提高制品的营养价值：因为糖类是三大营养物质之一，蔗糖的发热量较高，约为1672kJ/100g，易被人体吸收，故可以提高制品的营养价值。但糖类的热量高，肥胖病、糖尿病等患者需要控制糖类的摄入量。

3. 油脂

油脂是面制食品以及马铃薯主食产品加工的重要辅助原料之一，特别是对于加工马铃薯休闲类的食品，油脂的作用显得尤为重要。

1）马铃薯主食加工中常用的油脂

根据油脂类别来分，在马铃薯主食加工中常用的油脂有动物油脂、植物油、人造奶油及奶油等。

（1）动物油脂：常用的动物油脂是猪油。猪油中饱和脂肪酸含量较高，常温下呈半固态，可塑性、起酥性较好，色泽洁白光亮，质地细腻，口味较佳，但是猪油起泡性能较差，不能用作膨松制品发泡原料。

猪油

（2）植物油：马铃薯主食及休闲食品中常用的植物油有花生油、大豆油、棕榈油、棉籽油、椰子油、小磨芝麻油、色拉油等。植物油中含有较多的不饱和脂肪酸，大多数在常温下为液体，带有特殊的油脂风味，其加工工艺性能不如动物油脂，一般多用作增香料、蒸盘防粘剂和产品柔软剂。色拉油为高精炼度无色无味产品，在面食中使用较多。植物油经过氢化可作为人造奶油的主要原料。

花生油

大豆油

（3）人造奶油：人造奶油又称人造黄油、麦淇淋、玛琪淋，是以氢化油为主要原料，添加适量的牛乳或乳制品、色素、香料、乳化剂、防腐剂、抗氧化剂、食盐和维生素等经混合、乳化等工序制成的。它的软硬度可根据各成分的配比来调整。乳化性能和加工性能比奶油要好，是奶油的良好代用品。

（4）奶油：奶油又称黄油或白脱油，是从牛乳中分离加工而来的一种比较纯净的脂肪，含有80%左右的乳脂肪，还含有少量的乳固体和16%左右的水分。奶油的熔点为28~33℃，凝固点为5~15℃，常温下是浅黄色固体，高温下易软化变形。它具有乳化发泡性、可塑性、起酥性等良好的加工性能，且风味良好，营养价值较高，因此在马铃薯蛋糕等食品中经常使用。

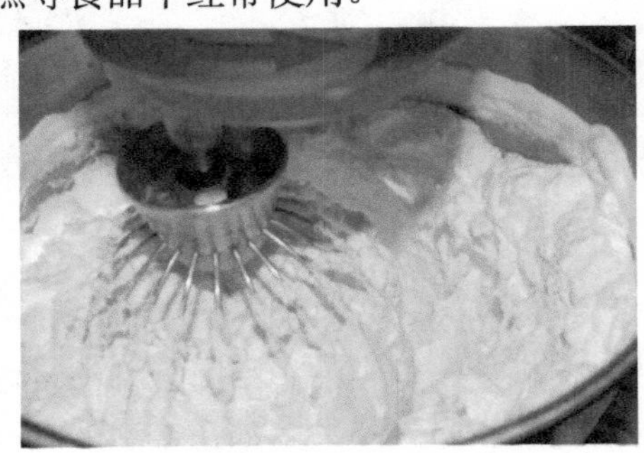

2）油脂在马铃薯主食及休闲食品加工中的作用

油脂在马铃薯主食及休闲食品加工过程中的主要作用如下。

（1）改善面团的物理性质：油脂具有疏水性和游离性。油脂加入面团中，便分布在蛋白质和淀粉粒的周围形成油膜，限制了面粉的吸水，从而可以控制面团中面筋的胀润性。此外，由于油脂的隔离使已经形成的面筋微粒不易彼此黏合而形成面筋网络，从而降低了面团的弹性和韧性，提高了疏散性和可塑性，使面团易定形，不易收缩变形。油脂的润滑性及与蛋白质的结合也有利于面团延伸性的增加，从而提高持气能力。

（2）油脂的润滑作用：油脂在面食中的最重要作用就是作为面筋和淀粉之间的润滑剂。油脂能在面筋和淀粉之间的分界面上形成润滑膜，使面筋网络在发酵过程中的摩擦阻力减小，有利于膨胀，增加面团的延伸性，增大产品体积，使产品更加柔软。固体脂的润滑性优于液体油，形成的薄膜能阻止淀粉的回生和干缩，使产品的老化速度减缓。

（3）营养与风味：油脂具有特殊的香味，特别是动物油和一些植物油，风味很浓。例如，猪油和小磨香油都非常香。油脂还可使产品口感细腻光滑。由于油脂具有非常高的热量，并且含有人体必需的脂肪酸，是重要的营养素以及脂溶性维生素的溶剂。但肥胖病、高血脂等患者应减少油脂的摄入。

4. 发酵剂

1）什么是发酵剂？

发酵剂指用于酸奶、奶油、干酪、面包等发酵产品生产的细菌、酵母菌以及其他微生物的培养物。酸奶中常用的发酵剂有双歧杆菌、保加利亚乳杆菌、嗜热链球菌、嗜酸乳杆菌、干酪乳杆菌等。在制作马铃薯馒头、面包、蛋糕等产品时，也需要根据产品特点及工艺需求加入一些成分以便产气，使产品形成膨松的结构，这些成分就是发酵剂。常用的生物发酵剂是酵母菌。

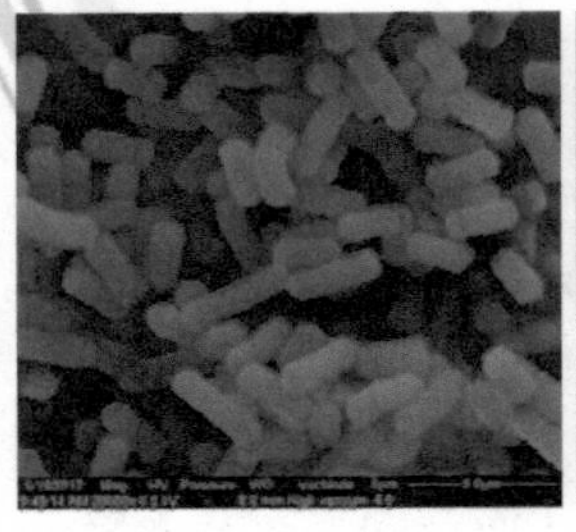

乳酸杆菌

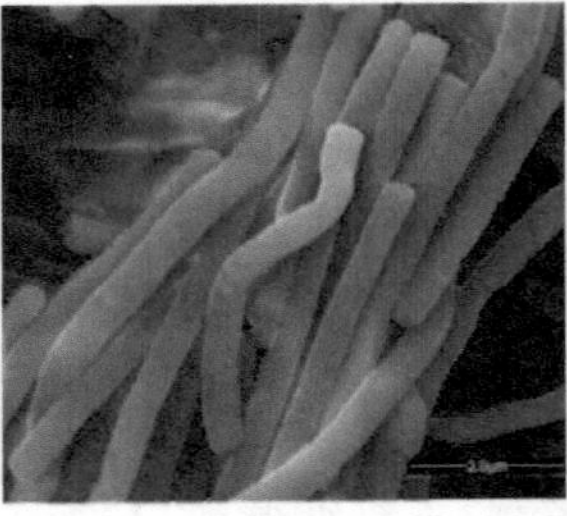

双歧杆菌

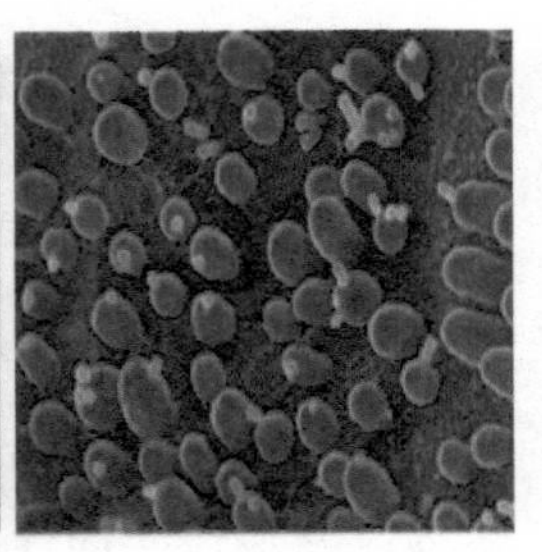

酵母菌

2）马铃薯主食加工中常用的发酵剂

目前使马铃薯主食产品结构变膨松主要有两种方式，一种是采用生物发酵法产气，常用的生物发酵剂有酵母和老面，另外一种是使用化学膨松剂，即通过化学反应产气，使馒头和面包等产品变膨松，常用的产品有泡打粉等。

市售活性干酵母粉

市售泡打粉

3）什么是酵母？

酵母（yeast）是一种真菌类微生物，食用酵母根据产品用途分为面包酵母、酿酒酵母和特殊酵母。马铃薯主食加工所用的酵母为面包酵母，面包酵母是以糖蜜、淀粉质为原料，经发酵法通风培养获得的具有发酵力而用于面粉深加工的酵母。自面包酵母工业化生产以来，以其天然、营养、高效、快捷、卫生的优势被人们广泛认同和接受。

4）面制食品用酵母的主要种类

目前市场上用于面制食品加工的酵母主要有三种，即鲜酵母、活性干酵母及即发活性干酵母。

（1）鲜酵母：又称压榨酵母，是酵母菌种在糖蜜等培养基中经过扩大培养、繁殖、分离、压榨而制成的。鲜酵母的活性和发酵力都比较低，使用时用量比较大，并且由于鲜酵母活性不稳定，随着储藏时间的延长，其发酵力会逐渐降低，整体发酵速度变慢。鲜酵母的储存条件较高，需要低温储存，但一般储存时间也很短，有效储存时间为3~4周，对于远离酵母生产厂家的地区很不适合使用。鲜酵母使用前需要用温水活化。但是鲜酵母相对其他干酵母而言价格相对较低。

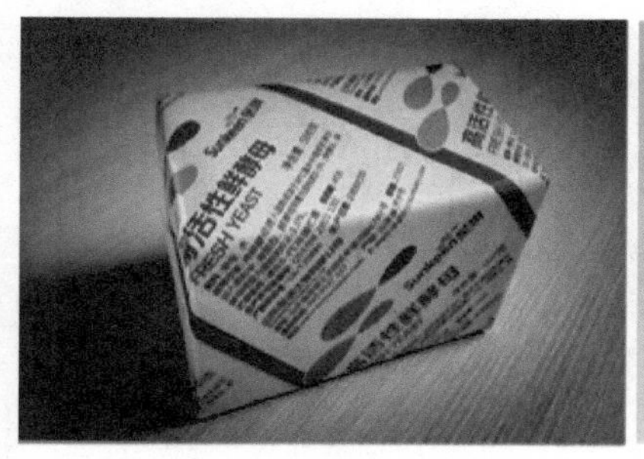

鲜酵母

（2）活性干酵母：是特殊培养的鲜酵母经低温干燥脱水后仍保持强的发酵能力的干酵母制品。将酵母挤压成细条状或小球状，利用低湿度的循环空气经流化床连续干燥，使最终发酵水分含量达8%左右，并保持酵母的发酵能力。应用于制备活性干酵母的细胞要求蛋白质含量控制在40%~45%，而碳水化合物尤其是海藻糖含量要高。活性干酵母不需低温储存，使用起来比鲜酵母更方便、活性稳定、发酵力很高。缺点是成本较高、使用前需用温水活化。

活性干酵母

（3）即发活性干酵母：是一种发酵速度很快的高活性新型干酵母，主要采用遗传工程以及现代的干燥技术制成，主要生产国是法国、荷兰等。它的特点是发酵力高、活性稳定、发酵速度快，使用时不需预先水化，可直接使用，方便、省时省力。目前的产品大多为即发活性干酵母，种类有面包、酒精用的活性干酵母。

即发活性干酵母　　　活性干酵母

5）酵母用于馒头、面包等主食的优势

从营养和卫生方面看，可以单纯使用酵母一种微生物使面团在32~35℃的条件下，在1h内发酵制成馒头，不会引入未知的可能致病的杂菌。面团发酵时既不会使面团过酸或过碱，也不会因添加食用碱破坏面粉中的营养成分，而酵母本身的营养成分还会增加馒头和面包等产品的营养。在发酵的过程中，随着酵母的大量繁殖，酵母的营养成分会部分弥补面团的营养缺陷，使得馒头的营养成分也发生相应的改变。酵母在发酵时可以产生大量氨基酸、低聚糖、酯类、醇类等小分子风味物质，使馒头、包子等面制品口味纯正、浓厚。

6）酵母在马铃薯主食加工中的使用量

酵母在马铃薯主食加工中的使用量根据面粉的质量、主食种类和制作工艺要求而有所差异，一般制作马铃薯面包时的用量为面粉质量的0.8%~1.2%，制作马铃薯馒头时为面粉质量的0.3%~0.8%，具体也可根据配方及工艺自行调节。从制作程序上讲，由于活性干酵母的发酵速度快、质量稳定，高效、快捷、卫生，易于控制和标准化，可以节省制作时间，而且还可以通过有效控制发酵过程来达到我们预期的制作目的。市售的酵母有5g、13g、100g以及500g等包装规格，可以根据家庭需要进行购买，一般5g规格可以加面粉600~1500g制作馒头，加面粉400~600g制作面包。

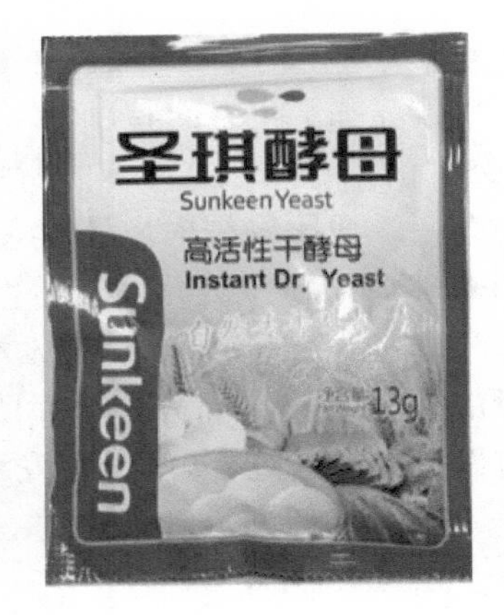

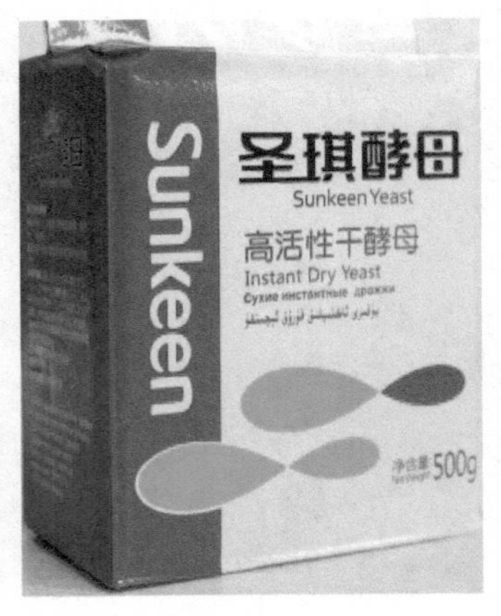

7）影响酵母使用量的主要因素

酵母的使用量与诸多因素有关，应根据以下情况来调整：

（1）发酵次数越多，酵母用量越少，反之越多。因此，无面团发酵用量最多，面团一次发酵用量次之，两次发酵法用量最少。

（2）配方辅料越多，特别是油、糖等用量高，对酵母产生的渗透压也越大，酵母用量应增加。

（3）面粉筋力越大，面团韧性越强，应增加酵母用量；反之，应减少用量。

（4）季节变化：夏季，温度高，发酵快，可减少酵母用量；冬季，温度低，应增加酵母用量，以保证面团正常发酵。

（5）面团软硬度：加水多的软面团发酵快，可减少酵母用量，加水少的硬面团则应多用。

（6）使用硬度高的水时应增加酵母量，使用较软的水时，则应减少用量。

（7）不同酵母间的用量关系：由于鲜酵母、活性干酵母、即发活性干酵母的发酵力差别很大，因此，它们在使用量上也明显不同。一般来讲它们之间的换算关系为：鲜酵母/活性干酵母/即发活性干酵母（质量比）=1 ∶ 0.5 ∶ 0.3。

8）酵母的分类与选购

酵母一般分为低糖酵母与耐高糖酵母，但其本身是不含糖的。有些酵母耐糖性很低，适用于制作配方中无糖或低糖的主食，如面包、馒头等，称为低糖酵母；有些酵母耐糖性很高，适用于制作高糖的点心面包，称为耐高糖酵母。一般需根据面团原料中的含糖量来选择酵母，糖的添加量在面团原料中超过7%（以面粉计），则对酵母活性有抑制作用，低于7%时则有促进发酵的作用。所以一般情况下，高于7%建议用耐高糖酵母，低于7%则用低糖酵母，以保证酵母活性及发酵效果。一般蔗糖、葡萄糖、果糖比麦芽糖的渗透压要大。

低糖酵母

耐高糖酵母

选购耐高糖酵母和低糖酵母的最终目的是使酵母在各自不同的环境中都能充分产气，使面团最大限度地膨胀，做出更优质的产品。糖分过低的面团如果使用了耐高糖酵母，可能会因糖太少不易激活酵母，而糖分过高的面团如果使用了低糖酵母，可能就会将酵母杀死，而发不起面团，当然也就做不出好的产品。目前，市场上流通最多的就是活性干酵母和即发活性干酵母，要做出高品质的马铃薯主食及休闲食品，必须选购优质的酵母。选购时应注意以下几点：

（1）要注意酵母产品的生产日期：酵母是一种微生物，只能在一定条件下保存一定时间。活性干酵母一般常温下保质期为一年，如果超过了保质期，酵母的生物活性就会降低，甚至失去生物活性，用它做馒头、面包等面团发酵产品时面团便起发不好，甚至不能起发。因此选购酵母时一定要选购生产日期最近或在保质期内的酵母。一般生产日期都标注在包装袋的侧面或背面，应注意观察。

（2）选购包装坚硬的酵母：因为活性干酵母多采用真空密封包装，酵母本身与空气完全隔绝，所以能够长时间地保存。如果包装袋变软，说明有空气进入袋内或者袋内其他厌氧微生物已开始作用并产气，进而影响和降低了酵母的活性，因此不要选购。另外，也不要使用松包、漏包和散包的产品。

（3）要选购适合要求的酵母：同一品牌的活性干酵母有不同的包装颜色或印有不同的文字，以区别适合不同情况下使用的酵母。

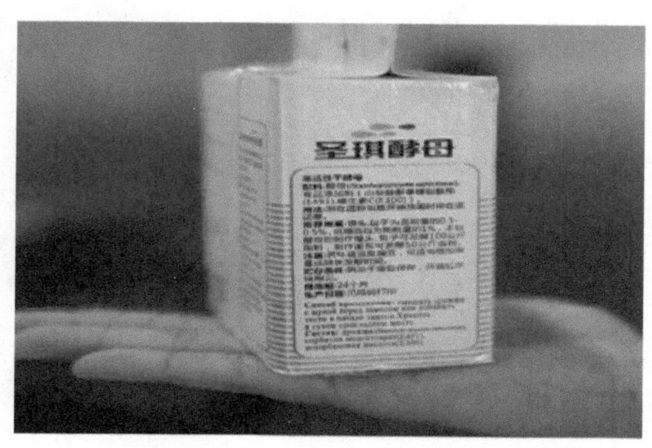

9）如何正确使用酵母？

酵母的使用方法是否正确，直接关系到面团能否正常发酵和产品的质量。正确使用酵母的原则是在整个生产过程中都要保持酵母的活性，每道工序都要有利于酵母的充分繁殖和生长。酵母对温度的变化十分敏感，它的生命活动与温度的变化息息相关，其活性和发酵力随温度变化而改变。影响酵母活性的关键工序之一首先是面团搅拌，由于我国绝大多数生产厂家的车间无空调设备，搅拌机不能恒温控制，面团的温度需根据季节变化调节水温来控制。故在搅拌过程中酵母的添加应按照以下情况来决定：

（1）春秋季节多用30~40℃的温水搅拌，酵母可直接添加在水中，既保证了酵母在面团中均匀分散，又起活化作用。但水温超过55℃时，千万不可把酵母放入水中，否则酵母将被杀死。

（2）夏初季节多用冷水搅拌，冬天多用热水搅拌。因此，这两个季节应将酵母先拌入面粉中再投入搅拌机进行搅拌，这样就可以避免酵母直接接触冷、热水而失活。酵母如果接触到15℃以下的冷水，其活性大大降低，造成面团发酵时间长、酸度大、有异味；如果接触到55℃以上的热水则很快被杀死。将酵母混入面粉中再搅拌，面粉起到了中和水温和作为酵母的保护伞的作用。

（3）盛夏季节室温超过30℃，酵母应在面团搅拌完成前5~6min时，干撒在面团上搅拌均匀。如果先与面粉拌在一起搅拌，则会出现边搅拌边产气发酵的现象，使面团无法形成，影响面团的搅拌质量。盛夏高温季节搅拌时，千万不可将酵母在水中活化，这样会使搅拌过程中产气发酵过快，更无法控制面团质量。

（4）在搅拌过程中，酵母添加时要尽量避免直接接触高渗物质，如食盐、蔗糖和食用碱等。

10）酵母在马铃薯发酵主食产品中的作用

酵母是马铃薯发酵类主食的主要原料之一，在面团发酵过程中所起的作用主要表现在以下三方面。

（1）使产品体积膨松：酵母能使面团在有效时间内产生大量的二氧化碳，使面团膨胀，并具有轻微的海绵结构，通过蒸制或烤制可以得到松软适口的马铃薯馒头、面包等产品。

（2）促进面团成熟：酵母有助于面粉中蛋白的结构发生重要的变化，使其易于形成稳定的网络骨架结构，为整形成形、面团醒发及蒸制烤制等使面团最大限度地膨胀的后续操作创造有利条件。

（3）改变产品风味：酵母在发酵过程中产生多种复杂的化学芳香物质，有利于提高馒头、面包等产品的风味和口感。

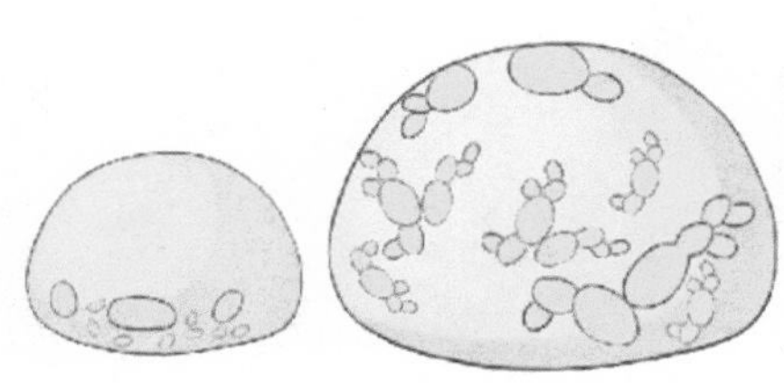

11）酵母是“活”的吗？

酵母是有生命的。用酵母发酵面团并不是温度越高越好，用于做馒头、面包的酵母的发酵温度一般在35℃左右，最好不要超高40℃，超过40℃时酵母的发酵力会降低，酵母也会死亡。发酵时间根据酵母添加量而有所区别。一般做马铃薯馒头时酵母添加量为0.5%，35℃发酵30min左右即可。

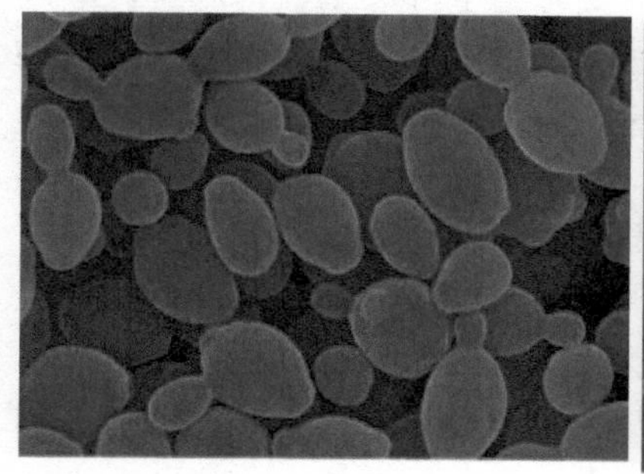
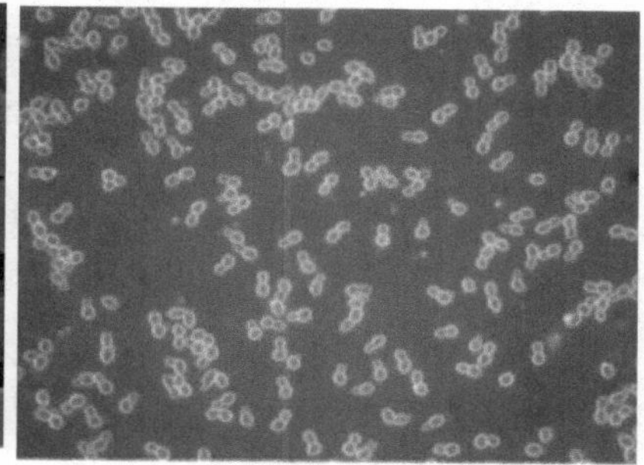

电子显微镜下的酵母

12）什么是老面？

老面又称老酵头、面肥、面头、酵子、面起子等。用老面发酵制作馒头等产品是一种传统的发酵方法，在我国已有几千年的历史。老面是将面团置于空气中，使空气中的野生酵母菌等微生物吸附进去繁殖，形成含有一定数量酵母菌的面团、半干面团或干面团，在下次发面时，将其作为引子加入新面团中，使酵母菌复活、繁殖生长进行发酵。在我国部分地区也常将南瓜捣碎与面粉混合后灌入布袋子中，然后再进行晾晒。晒干后就可以长期储存，需要时将其取出，用水泡开后制作馒头。

老面

马铃薯戗面馒头

13）老面馒头的特点

老面中的微生物种类复杂，主要有野生酵母菌、霉菌、乳酸菌和其他一些好氧嗜温性细菌。在发酵过程中往往产生更多的风味物质，同时会产生一些有机酸，发酵后期面团会发酸，所以用老面发酵蒸馒头时需要加食用碱（小苏打）来中和其中的酸味。添加食用碱后，其产生二氧化碳，与酵母发酵产生的二氧化碳一起，形成了馒头的膨松结构。用老面做的馒头的风味也更加独特，在我国北方一些地区用老面蒸馒头已形成了习惯，人们也比较喜欢这个风味，老面馒头仍然具有十分广泛的消费群体。目前，市售的一些戗面馒头主要都是用老面做的。利用老面蒸馒头，每次做完馒头后剩下些面团，下次就可以作为老面来使用，不需要另外单独购置酵母，相比现在市售的泡打粉和酵母，老面发酵成本比较低廉。老面发酵过程中在面团中的微生物的种类非常复杂，如果操作不当有可能存在一些霉菌或有害细菌，产生一些不利于健康的毒素或代谢物。另外，老面的使用量以及发酵后碱的用量都是根据人为的经验确定，没有一个标准化的程序，这会出现面团发过或食用碱用量过大的现象，会使馒头等产品表皮发黄或者有黄点，同时添加食用碱还会破坏食品中的维生素等营养成分，降低主食产品的营养成分。除此之外，老面的发酵时间相对较长，增加了面食的制作难度，不利于规模化连续生产，这可能是老面发酵制作馒头的最大瓶颈。

14）什么是泡打粉？

泡打粉是一种复合膨松剂，又称为发泡粉和发酵粉，主要用作面制食品的快速疏松剂，是一种快速发酵剂，可以用于马铃薯蛋糕、发糕、包子、馒头、酥饼、面包等食品的快速发酵。

15）泡打粉的组成

泡打粉一般由碳酸氢盐、酸（酒石酸、柠檬酸或乳酸）、酸式盐（酒石酸氢钾、富马酸一钠、磷酸二氢钙、磷酸氢钙、焦磷酸二氢钙、磷酸铝钠等）、明矾（硫酸铝钾）以及淀粉复合而成。化学膨松剂主要有两种类型，一是碱性膨松剂，如碳酸氢钠、碳酸氢铵、碳酸氢钾和轻质碳酸钙等；二是酸性膨松剂，如硫酸铝钾、硫酸铝铵、磷酸氢钙、酒石酸氢钾等。

明矾过量食用会对人体有一定毒害作用。医学证明明矾不宜长期大量食用，否则会导致骨质疏松、贫血，甚至影响神经细胞的发育，以及引起阿尔茨海默病（老年痴呆）。从2014年7月1日开始，三种含铝的食品添加剂（酸性磷酸铝钠、硅铝酸钠和辛烯基琥珀酸铝）不能再用于食品加工和生产；馒头、发糕等面粉制品（除油炸面制品、挂浆用的面糊、裹粉、煎炸粉外）不能添加含铝膨松剂（硫酸铝铵、硫酸铝钾）；膨化食品中不再允许使用任何含铝添加剂。泡打粉的配方多种多样，现在市场上已经出售多种不含明矾的配方产品，例如，用焦磷酸二氢二钠、葡萄糖酸内酯等代替明矾作为泡打粉的酸味剂。

16）泡打粉的产品标准

目前，国内已有GB 25591—2010《食品安全国家标准 食品添加剂 复合膨松剂》的国家标准，市售泡打粉主要参考此标准执行。该标准规定了复合膨松剂的感官要求和理化指标，具体如下：

GB 25591—2010《食品安全国家标准 食品添加剂 复合膨松剂》感官要求

项目	要求
色泽	白色
组织状态	粉末

GB 25591—2010《食品安全国家标准 食品添加剂 复合膨松剂》理化指标

项目	指标
二氧化碳气体发生量（mL/g，标准状态下）	≥35.0
加热减量（%，质量分数）	≤3.5
硝酸不溶物（%，质量分数）	≤2.0

续表

项目	指标
砷（As）（mg/kg）	≤2
重金属（以Pb计）（mg/kg）	≤20
pH（10g/L溶液）	5.0~9.0
粗细度（%，通过180μm试验筛）	≥95.0

5. 蛋白粉

在马铃薯主食加工过程中，由于马铃薯全粉中缺乏可以使面团形成比较稳定结构的蛋白，因此为了保证马铃薯主食加工产品的形状及品质，有时会根据工艺需要加入一些蛋白粉，以保证面团的形成。常用的蛋白粉包括谷朊粉、大豆蛋白粉、大米蛋白粉、蛋清粉等。

1）谷朊粉

谷朊粉是以小麦或小麦粉为原料，将其中的淀粉或其他碳水化合物等非蛋白质成分分离后获得的小麦蛋白产品。谷朊粉水合后具有高度的黏弹性，小麦面粉就是靠这种蛋白粉在加水后才能和成团，因此又称活性小麦面筋粉、小麦面筋蛋白。谷朊粉由多种氨基酸组成，其中蛋白质的含量超过80%，含有人体必需的多种氨基酸，是营养丰富的植物蛋白资源，但其中赖氨酸含量相对较低，是蛋白质中的第一限制性氨基酸。

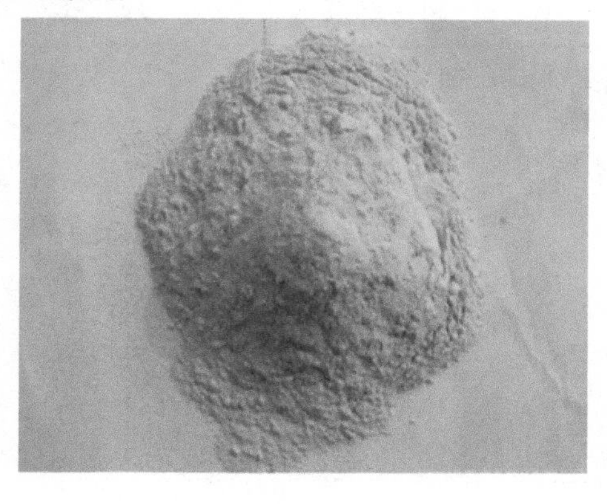

谷朊粉

2）谷朊粉的特点和应用领域

谷朊粉具有黏性、弹性、延伸性、薄膜成形性和吸脂性，是一种优良的面团改良剂，广泛用于面包、面条、方便面的生产中，也可用于肉类制品中作为保水剂，同时谷朊粉还是一种良好的食品加工原料，常用于制作烤面筋、烤麸等产品。目前国内还把谷朊粉作为一种高效的绿色面粉增筋剂，将其用于高筋粉、面包专用粉的生产，添加量不受限制。此外，添加谷朊粉还是增加食品中植物蛋白质含量的有效方法。

烤面筋

凉拌面筋

3）谷朊粉的产品标准

目前，国内谷朊粉的生产和销售主要参考GB/T 21924—2008《谷朊粉》国家标准，在谷朊粉的生产过程中不得使用任何食品添加剂，用于食品加工中的谷朊粉还应符合GB 2715—2005《粮食卫生标准》。

GB/T 21924—2008《谷朊粉》理化指标

项目	指标	
	一级	二级
水分（%）	≤8	≤10
粗蛋白质（N[a]×6.25，干基）（%）	≤85	≤80
灰分（干基）（%）	≤1.0	≤2.0
粗脂肪（干基）（%）	≤1.0	≤2.0
吸水率（干基）（%）	≤170	≤160
粗细度（%）	CB30号筛通过率≥99.5%，且CB36号筛通过率≥95%	

a N 指氮含量。

4）谷朊粉在马铃薯主食加工中的作用

小麦粉和面可以形成面团，主要是因为其中含有面筋蛋白，在和面过程中面筋蛋白吸水后会形成网络骨架结构，通过压面等工序将面筋蛋白结构进行重新排列形成比较稳定的结构，进而可以将淀粉等成分包裹在网络结构内。当淀粉、糖等成分进行发酵产气时，由于形成了比较致密的网络结构，能够有效地将产生的气体保存在面团内部，使产品比较松软。但是马铃薯中不含面筋蛋白，在制作马铃薯馒头、面包、花卷、面条等产品时，若马铃薯全粉添加比例超过20%，和面时会比较黏，往往不能形成面团，需要添加一些能促进面团形成的成分，谷朊粉作为从小麦粉中分离出来的蛋白质，具有较好的功能性和营养性，因此比较适合添加。

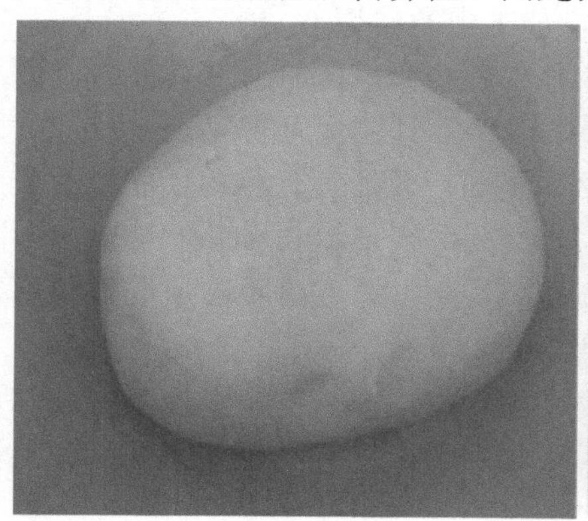
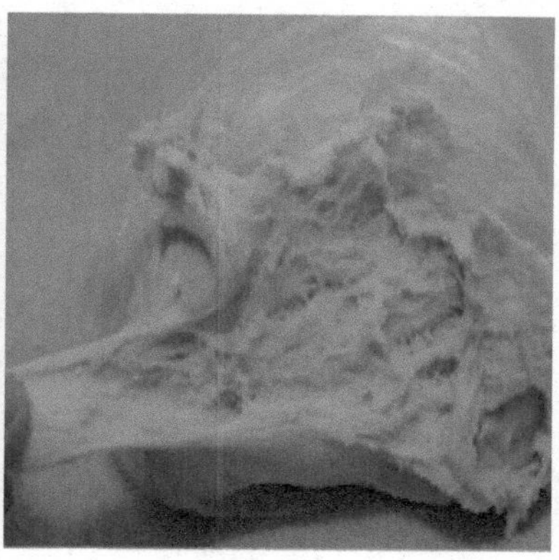

谷朊粉增强面团的黏弹性

5）大豆蛋白粉

大豆蛋白粉一般指大豆经清洗、脱皮、脱脂、粉碎等工艺加工而成的，蛋白质含量不低于50%的粉状产品。其中热处理后的大豆粕经粉碎等生产工艺加工得到的大豆蛋白粉，称为热变性大豆蛋白粉；另外一种低温脱溶大豆粕经研磨等生产工艺加工，得到蛋白质含量不低于55%的大豆蛋白粉，称为低变性大豆蛋白粉。市售大豆蛋白粉中蛋白质含量一般超过55%，称为大豆浓缩蛋白粉，蛋白质含量超过90%的称为大豆分离蛋白粉。大豆蛋白中含有8种人体必需的氨基酸，与肉、鱼、蛋、奶近似，属于全价蛋白质。

大豆蛋白粉

6）大豆蛋白粉在马铃薯主食加工中的作用

将大豆蛋白粉加入马铃薯主食中混合制成的马铃薯食品，其面团的功能性及产品的营养得到显著改善，具体优点表现如下：

（1）大豆蛋白粉的添加使整体复配粉及加工食品的蛋白质含量增加。大豆蛋白粉含蛋白质超过50%，马铃薯粉和小麦粉含蛋白质10%左右，加入10%大豆蛋白粉后，混合粉的蛋白质含量便可提高到14%，较面粉的蛋白质含量增加40%。

（2）蛋白质的质量显著提高。面粉缺乏赖氨酸，大豆蛋白粉和马铃薯粉恰恰富含赖氨酸，将大豆蛋白粉及马铃薯粉与小麦面粉混合后，其蛋白质的质量得到大大提高。

（3）有力改善马铃薯面团的功能性。由于大豆蛋白质具有许多功能特性，如吸水性、保水性、吸油性、保油性、乳化性、胶凝性、起酥性等，在面粉中添加 5%~10%的大豆蛋白粉制作食品，还能赋予食品良好的口感、光滑饱满的外表、更长的保鲜期以及更高的营养价值。

7）大豆蛋白粉可以做哪些马铃薯主食？

（1）制作富含大豆蛋白粉的马铃薯面包：将大豆蛋白粉与马铃薯粉及小麦粉等混合（用量可为4%~12%），由于大豆蛋白粉蛋白质含量高，可以将大豆蛋白粉作为面包的强化剂，用在富含马铃薯及大豆蛋白粉面包的生产中，有效提高面包的品质。

（2）制作不同种类的中西式马铃薯主食：将大豆蛋白粉按照一定比例加入面粉中，可以制成馒头、面条、方便面、饼干、蛋糕、油条、饺子皮和馄饨皮等。

8）大豆蛋白粉的产品标准

目前，市售大豆蛋白粉具有公认的产品标准，主要参考GB/T22493—2008《大豆蛋白粉》国家标准中规定的大豆蛋白粉的感官要求、理化指标及卫生指标。具体指标如下：

GB/T 22493—2008《大豆蛋白粉》感官要求

项目	质量要求
形态	粉状，无结块现象
色泽	白色至浅黄色
气味	具有大豆蛋白粉固有的气味，无异味
杂质	无肉眼可见的外来物质

GB/T 22493—2008《大豆蛋白粉》理化指标

项目	指标	
	热变性大豆粉	低变性大豆粉
氮溶指数（NSI）（%）	—	≥55
粗蛋白质（以干基计，N×6.25）（%）	≥50	
水分（%）	≤10.0	
灰分（以干基计）（%）	≤7.0	
粗脂肪（以干基计）（%）	≤2.0	
粗纤维（以干基计）（%）	≤5.0	
粗细度（%，通过直径0.154mm筛）	≤95	

GB/T 22493—2008《大豆蛋白粉》卫生指标

项目	指标	
	热变性大豆粉	低变性大豆粉
菌落总数（cfu/g）	≤30000	≤50000
大肠菌群（MPN/100g）	≤90	≤2400
霉菌和酵母菌（cfu/g）	≤100	≤1000
致病菌（沙门氏菌、志贺氏菌、金黄色葡萄球菌）	不得检出	不得检出
总砷（以As计）（mg/kg）	≤0.5	≤0.5
铅（以Pb计）（mg/kg）	≤1.0	≤1.0
残留溶剂（mg/kg）	≤500	≤500

9）乳清蛋白粉

乳清蛋白是从制备奶酪后产生的乳清中分离提取出来的一种蛋白质，主要由β-乳清蛋白、α-乳白蛋白、免疫球蛋白以及乳铁蛋白等组成。市售乳清蛋白根据纯度不同主要分为乳清浓缩蛋白（55%~90%）和乳清分离蛋白（≥90%），乳清蛋白不但容易消化，而且还具有高生物价、高蛋白质功效比和高利用率，含有人体所需的所有必需氨基酸，其氨基酸组成模式与骨骼肌中的氨基酸组成模式几乎一致，极容易被人体吸收。

乳清蛋白粉

10）乳清蛋白粉的产品标准

目前，乳清蛋白粉具有公认的产品标准，市售的乳清蛋白粉主要参考GB 11674—2010《食品安全国家标准 乳清粉和乳清蛋白粉》国家标准中规定的蛋白粉的感官要求、质量指标及卫生指标。具体指标如下：

GB 11674—2010《食品安全国家标准 乳清粉和乳清蛋白粉》感官要求

项目	要求
色泽	具有均匀一致的色泽
滋味气味	具有产品特有的滋味、气味，无异味
组织形态	干燥均匀的粉末状产品、无结块、无正常视力可见杂质

GB 11674—2010《食品安全国家标准 乳清粉和乳清蛋白粉》理化指标

项目	指标		
	脱盐乳清粉	非脱盐乳清粉	乳清蛋白粉
蛋白质（g/100g）	≥10.0	≥7.0	≥25.0
灰分（g/100g）	≤3.0	≤15.0	≤9.0
乳糖（g/100g）	≥61.0		—
水分（g/100g）	≤5.0		≤6.0

GB 11674—2010《食品安全国家标准 乳清粉和乳清蛋白粉》卫生指标

项 目	采样方案[a]及限量（若非指定，均以cfu/g表示）			
	n	c	m	M
金黄色葡萄球菌	5	2	10	100
沙门氏菌	5	0	0/25g	—

a 样品的分析及处理按 GB 4789.1—2010 和 GB 4789.18—2010 执行；n 表示同一批次产品应采集的样品数；c 表示最大可允许超出 m 值的样品数；m 表示微生物指标可接受水平的限量值；M 表示微生物指标的最高安全限量值。

11）大米蛋白粉

大米的主要成分是淀粉和蛋白质，其含量分别约为80%和8%。大米蛋白中谷蛋白和球蛋白为主要成分，分别占80%和12%，醇溶蛋白占3%。大米蛋白中的胱氨酸含量较高。大米蛋白的价值主要体现在它的低抗原性，无色素干扰，具有柔和而不刺激的味道及其高营养价值。大米蛋白富含机体的必需氨基酸，氨基酸组成平衡合理，与推荐理想模式非常接近，尤其是赖氨酸的含量高于其他谷类。与理想蛋白质相比，含赖氨酸、异亮氨酸、苏氨酸略微不足，但与小麦蛋白质相比，除了含异亮氨酸较少之外，其他各种必需氨基酸都比较丰富，营养价值高于小麦蛋白质而接近于理想蛋白质。

大米蛋白粉

12）蛋清粉

蛋清粉，又称作鸡蛋白粉，是由鲜鸡蛋清精制而成的粉状脱水产品，一般具有高凝胶性、高起泡性、乳化性和保水吸收性等特点。蛋清粉广泛用于鱼、鸡、肉丸、油炸食品的挂糊，还用于糖果、挂面、蛋糕、汤料、火腿肠、香肠、蟹肉棒等方面，既增加产品营养又能提高产品的内在质量，使产品更富有弹性、增强口感。在马铃薯主食加工过程中可以作为蛋白质的补充剂，同时改善马铃薯主食的内部结构，提高产品的感官性和营养性。

蛋清粉

6. 其他

1）鸡蛋

鲜鸡蛋含有75%左右的水分，固形物中主要为蛋白质。鸡蛋中的蛋白质不仅消化吸收率很高，而且具有良好的乳化性、起泡性和黏结性，可以改善面团的延伸性和持气性，使产品组织柔软细腻。因此在马铃薯糕点及休闲食品的制作过程中经常使用其作为主要的加工辅料。

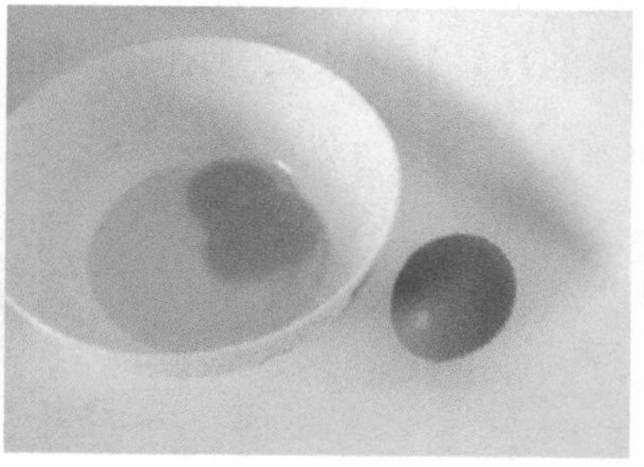

鸡蛋

2）奶粉

奶粉是以鲜奶为原料，经过浓缩后用喷雾干燥或滚筒干燥而制成的，奶粉有全脂、半脂和脱脂三种类型，并且分加糖和未加糖产品。奶粉加入面团中可起到增筋、增白、增香和增加营养，提高面团的吸水率、发酵力和持气能力等作用，使产品口感更加柔软，外观更加美观，带有奶香，常用于高档新型马铃薯主食及休闲食品的制作。

奶粉

3）可可粉

可可粉是一种营养丰富的产品，不但含有高热量的脂肪、蛋白质和碳水化合物，还含一定量的生物碱，它具有扩张血管、促进人体血液循环的功能。可可粉带有可可的香味和苦味，为棕红色粉末状产品，一般分为高脂肪、中脂肪和低脂肪品种。高脂可可粉含油脂量为20%~24%，中脂可可粉含油脂量为10%~12%，低脂可可粉含油脂量为5%~7%。作为面团中的配料，一般选用低脂可可粉比较合适。通常，在马铃薯主食加工中添加可可粉可以生产巧克力口味的马铃薯馒头及休闲食品等制品。

可可粉

4）果品和馅料

一些果品和馅料，如大枣、葡萄干、果脯、果酱、豆沙、枣泥等，常用于蒸制及焙烤面制食品的制作。果脯和葡萄干等可以用作马铃薯馒头、发糕的点缀，豆沙、枣泥以及果酱等则可用作马铃薯果酱包及糕点等产品的馅料。

果酱

葡萄干

果脯

枣泥

5）膳食纤维粉

膳食纤维是一种多糖，它既不能被胃肠道消化吸收，也不能产生能量。食用膳食纤维能使人产生饱腹感，有利于控制食量，还可加速肠道的蠕动，起到清理肠道，提高人体新陈代谢的作用，具有促进减肥、吸收毒素、保护皮肤、降低血脂、控制血糖等多重功能。目前常见的膳食纤维产品主要有大豆膳食纤维、果蔬膳食纤维等。在马铃薯主食中添加大豆膳食纤维等成分，可以提高马铃薯主食的膳食纤维含量，改善产品的质构和感官品质。

大豆膳食纤维粉

四、马铃薯主食加工中的食品添加剂

为改善马铃薯馒头、面条等主食产品的质量及口感，根据生产工艺需要，有时会在具体产品配方以及产品生产过程中添加一些食品添加剂，以改善面团的品质，进而改善马铃薯主食产品的品质和口感。这些食品添加剂包括常用的酸度调节剂（如碳酸钠等）、乳化剂（如硬脂酰乳酸钙等）、增稠剂（如果胶等）以及膨松剂（如酒石酸氢钾等）等。由于食品添加剂发挥的作用与食品种类及加工工艺有直接关系，因此大部分食品添加剂在食品中往往具有多种功能作用。例如，碳酸氢钠在食品加工中既可以作为焙烤食品的膨松剂，也可以作为面团酸度的调节剂。

1. 碳酸钠

碳酸钠俗称苏打、纯碱、碱面、食用碱，是一种易溶于水的白色粉末，溶液呈碱性（能使酚酞溶液变浅红），受热易分解。碳酸钠是面制食品加工中最常用的食品添加剂之一，是一种酸度调节剂。在利用老面制作马铃薯馒头、花卷、豆包等产品时，为减少产品的酸味，经常在和面时加入适量的碳酸钠调节酸度。碳酸钠在主食加工中的主要作用体现在以下三个方面：

（1）降低面团酸度。

它可以中和面团中的酸性。在偏酸性条件下，面筋的韧性和弹性增加，但延伸性变差，发起的面团蒸制后容易萎缩，特别是面团过度发酵产酸较多时更加明显。因此，一般情况下，蒸制面食的面团调节pH近中性，可防止产品萎缩，使产品更加松软洁白。

（2）沉淀重金属。

碳酸钠可以使水中的二价或多价金属沉淀，从而降低和面用水的硬度。水中常见的离子包括钙离子和镁离子等，加入碳酸钠可以使水中钙、镁等金属离子沉淀，减弱其与面团中的极性基团的作用，防止由此引起的面团僵硬。同时还使产品色泽光亮洁白。

（3）产生香味。

碳酸钠在面食中与一些有机酸反应生成有机酸盐，具有特殊的碱香味。北方一些地区的百姓比较喜爱稍带碱味的馒头。碳酸钠的加入可能破坏部分B族维生素，蒸制后pH高于7.2时，馒头会变为黄色，影响产品外观，因此不可过量添加。购买碳酸钠时注意产品颜色和是否结块以判定其纯度和含水情况，如果结块了则说明产品结合了部分水，纯度相对较低些。

GB 2760—2014《食品安全国家标准 食品添加剂使用标准》中关于碳酸钠的规定如下。

功能：酸度调节剂；

使用范围：可在各类食品中使用，包括生湿面制品（如面条、饺子皮、馄饨皮、烧麦皮），生干面制品；

最大使用量：按生产需要适量添加。

碳酸钠

2. 碳酸氢钠

碳酸氢钠俗称小苏打、苏打粉、重碳酸钠、酸式碳酸钠，是一种白色细小晶体。在水中的溶解度小于碳酸钠，溶于水时呈现弱碱性。固体50℃以上开始逐渐分解生成碳酸钠、二氧化碳和水，440℃时完全分解，此特性可使其作为食品制作过程中的膨松剂。碳酸氢钠在作用后会残留碳酸钠，使用过多会使成品有碱味。碳酸氢钠是食品工业中一种应用最广泛的膨松剂，是汽水饮料中二氧化碳的发生剂，可以用于生产马铃薯饼干、糕点、馒头、面包等。

GB 2760—2014《食品安全国家标准 食品添加剂使用标准》中关于碳酸氢钠的规定如下。

功能：膨松剂、酸度调节剂、稳定剂；

使用范围：可在各类食品中使用，包括生湿面制品（如面条、饺子皮、馄饨皮、烧麦皮），生干面制品；

最大使用量：按照生产需要适量使用。

碳酸氢钠

3. 磷酸氢二钠

磷酸氢二钠为白色粉末、片状或粒状物，易溶于水，其水溶液呈碱性，不溶于醇。在空气中易风化，常温时放置于空气中失去约五个结晶水而形成七水水合物，加热至100℃时失去全部结晶水而成无水物，在食品加工中为品质改良剂。例如，在乳酪、饮料加工中起乳化作用，作稳定剂；在咸肉、香肠、熟肉制品加工中使用，可使色泽鲜艳，改善品味，缩短加工处理时间。在马铃薯主食加工中可作为品质改良剂。

GB 2760—2014《食品安全国家标准 食品添加剂使用标准》中关于磷酸氢二钠的规定如下。

功能：水分保持剂、膨松剂、酸度调节剂、稳定剂、凝固剂、抗凝结剂；

使用范围：小麦粉及其制品，方便米面制品，冷冻米面制品等；

最大使用量：5.0g/kg。

磷酸氢二钠

4. 酒石酸氢钾

酒石酸氢钾通常为无色至白色斜方晶系结晶性粉末，在水中的溶解度随温度而变化，不溶于乙醇、乙酸，易溶于无机酸中。它是酿葡萄酒时的副产品，被食品工业称作塔塔粉，用作膨松剂，也用作还原剂和缓冲试剂。可用于马铃薯饼干等焙烤食品加工中。

GB 2760—2014《食品安全国家标准 食品添加剂使用标准》中关于酒石酸氢钾的规定如下。

功能：膨松剂；

使用范围：小麦粉及其制品，焙烤食品等；

最大使用量：可按生产需要适量使用。

酒石酸氢钾

5. 硬脂酰乳酸钠

硬脂酰乳酸钠为白色至浅黄色脆性固体或粉末，具有淡的焦糖气味，具有轻微吸湿性，熔点为40~45℃。溶于热乙醇、甲苯等有机溶剂，微溶于热水，可分散于热水中，属于多用途乳化剂、稳定剂、面粉调节剂和起泡剂等。可作为马铃薯主食产品的改良剂，用在马铃薯馒头、面条、面包糕点生产中，也可用在马铃薯主食复配粉中。

GB 2760—2014《食品安全国家标准 食品添加剂使用标准》中关于硬脂酰乳酸钠的规定如下。

功能：乳化剂、稳定剂；

使用范围：专用小麦粉（如自发粉、饺子粉），生湿面制品，发酵面制品，面包、糕点、饼干等；

最大使用量：2.0g/kg。

硬脂酰乳酸钠

6. 硫酸钙

硫酸钙俗称“食用石膏”，白色单斜结晶或结晶性粉末，无气味，有吸湿性。广泛应用在食品工业中，可以作为固化剂用在罐装马铃薯、西红柿、胡萝卜、菜豆和胡椒粉中，作为一种成分用在糖果蜜饯、冰淇淋和其他冷冻的甜品中，但主要用在烘焙食品中。硫酸钙在马铃薯主食加工过程中，作为酵母的激活剂及面团的改良剂应用在马铃薯面包及蛋糕生产中。

GB 2760—2014《食品安全国家标准 食品添加剂使用标准》中关于硫酸钙的规定如下。

功能：稳定剂、凝固剂、增稠剂、酸度调节剂；

使用范围：可在面包、饼干、糕点等食品中使用；

最大使用量：10.0g/kg。

硫酸钙

7. 羟丙基甲基纤维素

羟丙基甲基纤维素，又名羟丙甲纤维素、纤维素羟丙基甲基醚，为白色的粉末，无臭无味，溶于水及大多数极性有机溶剂。羟丙基甲基纤维素是选用高度纯净的棉纤维素作为原料，在碱性条件下经专门醚化而制得。它在冷水中溶胀成澄清或微浊的胶体溶液，水溶液具有表面活性，透明度高、性能稳定。它具有热凝胶性质，产品水溶液加热后形成凝胶析出，冷却后又溶解，不同规格的产品凝胶温度不同。溶解度随黏度而变化，黏度越低，溶解度越大。可用在马铃薯面包类食品中，提高面包的松软性。

GB 2760—2014《食品安全国家标准 食品添加剂使用标准》中关于羟丙基甲基纤维素的规定如下。

功能：增稠剂；

使用范围：可在各类食品中使用；

最大使用量：按生产需要适量使用。

羟丙基甲基纤维素

8. 蔗糖脂肪酸酯

蔗糖脂肪酸酯，又称脂肪酸蔗糖酯、蔗糖酯，是一种非离子表面活性剂，是由蔗糖和脂肪酸经酯化反应生成的化合物或混合物。蔗糖脂肪酸酯为白色至黄色的粉末，或无色至微黄色的黏稠液体或软固体，无臭或稍有特殊的气味，易溶于乙醇、丙酮。可以用于肉制品、香肠、乳化香精、水果及鸡蛋保鲜，在冰淇淋、糖果、面包、八宝粥、饮料等产品中起乳化作用。可用于马铃薯面包复配粉及马铃薯面包、面条、米粉等产品的加工。

GB 2760—2014《食品安全国家标准 食品添加剂使用标准》中关于蔗糖脂肪酸酯的规定如下。

功能：乳化剂；

使用范围：专用小麦粉（如自发粉、饺子粉），生湿面制品（如面条、饺子皮、馄饨皮、烧麦皮），生干面制品，方便米面制品等；

最大使用量：专用小麦粉（如自发粉、饺子粉）5.0g/kg，生湿面制品（如面条、饺子皮、馄饨皮、烧麦皮）4.0g/kg，生干面制品4.0g/kg，方便米面制品4.0g/kg。

蔗糖脂肪酸酯

9. 双乙酰酒石酸单双甘油酯

双乙酰酒石酸单双甘油酯为乳白色粉末或颗粒状固体，呈弱酸性，pH为4左右，熔化温度在45℃左右，具有特殊的乙酸气味，能够分散于热水中，能与油脂混溶，溶于乙醇、丙二醇等有机溶剂。具有较强的乳化、分散、防老化等作用，是良好的乳化剂和分散剂。能有效增强面团的弹性、韧性和持气性，减小面团弱化度，增大面包、馒头体积，改善组织结构。可用在马铃薯面条、面包、糕点加工中。

GB 2760—2014《食品安全国家标准 食品添加剂使用标准》中关于双乙酰酒石酸单双甘油酯的规定如下。

功能：乳化剂、增稠剂；

使用范围：生湿面制品（如面条、饺子皮、馄饨皮、烧麦皮），生干面制品等；

最大使用量：10.0g/kg。

双乙酰酒石酸单双甘油酯

10. 果胶

果胶为白色至黄褐色粉末，是一种聚半乳糖醛酸的多糖。一般从柑橘皮、苹果皮、葡萄皮、蚕砂和甜菜渣等植物细胞中提取。果胶溶于水后形成乳白色黏稠状胶态溶液，呈弱酸性，耐热性强。几乎不溶于乙醇及其他的有机溶剂。用乙醇、甘油砂糖糖浆湿润，或与3倍以上的砂糖混合可提高其溶解性。果胶在酸性溶液中比在碱性溶液中稳定。根据果胶酯化程度的高低可以分为高酯果胶和低酯果胶。工业生产果胶的80%~90%用于食品工业，主要用于果酱、果冻的制造，作为蛋黄酱、精油的稳定剂，防止糕点硬化，改进干酪质量，用于制造果汁粉等。高酯果胶主要用于酸性的果酱、果冻、凝胶软糖、糖果馅心以及乳酸菌饮料等。低酯果胶主要用于一般的或低酸味的果酱、果冻、凝胶软糖，以及冷冻甜点、色拉调味酱、冰淇淋、酸奶等。

GB 2760—2014《食品安全国家标准 食品添加剂使用标准》中关于果胶的规定如下。

功能：乳化剂、增稠剂、稳定剂；

使用范围：生湿面制品（如面条、饺子皮、馄饨皮、烧麦皮），生干面制品等；

最大使用量：按生产需要适量使用。

苹果果胶

柑橘果胶

11. 海藻酸钠

海藻酸钠，又称褐藻胶、褐藻酸钠等，是一种天然多糖，为白色或淡黄色粉末，几乎无臭无味。溶于水，不溶于乙醇、乙醚、氯仿等有机溶剂，溶于水成黏稠状液体，1%水溶液的pH为6~8。当pH为6~9时黏性稳定。海藻酸钠是一种很好的增稠剂、稳定剂和胶凝剂，用于改善和稳定焙烤食品（蛋糕、馅饼）、馅、色拉调味汁、牛奶巧克力的质地以及防止冰淇淋储存时形成大的冰晶。海藻酸钠还用于加工各种凝胶食品，如布丁、果冻、果肉果冻等。另外，海藻酸钠还可作为仿生食品或疗效食品的基材。正是因为海藻酸钠的这些重要作用，在国内外已日益被人们重视，已经成为产销量最大的食品胶之一。

GB 2760—2014《食品安全国家标准 食品添加剂使用标准》中关于海藻酸钠的规定如下。

功能：乳化剂、增稠剂、稳定剂；

使用范围：生湿面制品（如面条、饺子皮、馄饨皮、烧麦皮），生干面制品等；

最大使用量：按生产需要适量使用。

海藻酸钠

12. 卡拉胶

卡拉胶，又称角叉胶、爱尔兰浸膏和鹿角菜胶，是由D-吡喃半乳糖及3,6-脱水半乳糖组成的高相对分子质量多糖类硫酸酯的钙、镁、钾、钠、铵盐。根据分子中硫酸酯的结合形态，卡拉胶分为κ-型、λ-型、L-型等。卡拉胶为白色至淡黄褐色、表面皱缩、微有光泽的半透明片状体或粉末状物，口感黏滑，溶于60℃以上的热水中形成黏性透明或轻微乳白色的易流动溶液。若先用乙醇、甘油或饱和蔗糖水溶液浸湿，则较易溶于水。加入30倍的水煮沸10min的卡拉胶溶液，冷却后形成胶体。与水结合后黏度增高。在蛋白质反应中起乳化作用，能使乳化液稳定。它溶于热牛奶，不溶于有机溶剂。

GB 2760—2014《食品安全国家标准 食品添加剂使用标准》中关于卡拉胶的规定如下。

功能：乳化剂、稳定剂、增稠剂；

使用范围：可在各类食品中使用，包括生湿面制品（如面条、饺子皮、馄饨皮、烧麦皮），生干面制品；

最大使用量：生湿面制品（如面条、饺子皮、馄饨皮、烧麦皮）：按生产需要适量使用；生干面制品：8.0g/kg。

卡拉胶

13. 沙蒿胶

沙蒿胶是一种功能性高吸水植物树脂胶，为白色至淡褐色粉末，可在水溶液中极限溶胀近千倍，形成强韧的结缔状凝体，是面制食品的天然增筋黏结剂，且能耐强碱、强酸和高温，溶液黏度、溶解透明度、发泡性、成膜性、增稠稳定性较好，更具有实用性，是非常理想的天然面粉增筋剂，广泛用于面制食品加工业中。对挂面品质的改良效果十分明显，可消除挂竿断条、酥条现象，使挂面的复水性能得以改善，水煮30min不糊汤，面条光亮有弹性；使方便面晶莹透亮，筋香适口，并可减少方便面的吸油率，防止回生老化。可广泛用于制作马铃薯挂面、切面、方便面及杂粮面制品，扩大马铃薯主食产品的品种。

GB 2760—2014《食品安全国家标准 食品添加剂使用标准》中关于沙蒿胶的规定如下。

功能：增稠剂；

使用范围：生湿面制品（如面条、饺子皮、馄饨皮、烧麦皮），生干面制品（仅限挂面）等；

最大使用量：0.3g/kg。

沙蒿胶

14. 抗坏血酸

抗坏血酸是一种水溶性维生素，为无色晶体，无臭有酸味，存在于新鲜蔬菜和某些水果中。由于其分子结构的特点，它在有氧条件下可作为还原剂，被氧化成脱氢抗坏血酸。在一定条件下，这一反应可以逆转，故又具有氧化剂的功能。它用在面粉中可将麦谷蛋白中的—SH氧化成—S—S—，从而增强面筋的筋力，改善面团的流变学特性以及面包的烘焙品质。可以作为马铃薯馒头及面包的品质改良剂。

GB 2760—2014《食品安全国家标准 食品添加剂使用标准》中关于抗坏血酸的规定如下。

功能：面粉处理剂、抗氧化剂；

使用范围：可在小麦粉等产品中使用；

最大使用量：0.2g/kg。

抗坏血酸

15. 变性淀粉

变性淀粉是一种改性过的淀粉，此种淀粉具有一些特殊的理化性能，添加到食品配方中后可以使食品在加工或食用时具有更好的性能。变性淀粉的外观与变性前的淀粉类似，肉眼几乎看不出具体的差别。目前，已批准使用的变性淀粉主要包括磷酸化二淀粉磷酸酯、羧甲基淀粉钠、酸处理淀粉、羟丙基二淀粉磷酸酯、辛烯基琥珀酸淀粉钠、氧化淀粉、氧化羟丙基淀粉、乙酰化二淀粉磷酸酯、乙酰化双淀粉已二酸酯等，其使用范围及用量在GB 2760—2014《食品安全国家标准 食品添加剂使用标准》中已有明确规定。

16. 羟丙基淀粉

羟丙基淀粉是指以食用淀粉或由生产食用淀粉的原料得到的淀粉乳为原料与醚化剂发生反应制得的，以及结合酶处理、酸处理、碱处理、漂白处理和预糊化处理中一种或多种方法加工后制备而成的食品添加剂。目前拥有相关产品生产标准GB 29930—2013《食品安全国家标准 食品添加剂 羟丙基淀粉》。

GB 2760—2014《食品安全国家标准 食品添加剂使用标准》中关于羟丙基淀粉的规定如下。

功能：增稠剂、膨松剂、乳化剂、稳定剂；

使用范围：可在各类食品中使用；

最大使用量：按生产需要适量使用。

羟丙基淀粉

17. 酸处理淀粉

酸处理淀粉又称为酸改性淀粉，为白色或类白色粉末，无臭无味，较易溶于冷水，约75℃开始糊化。酸处理淀粉是指以食用淀粉或由生产食用淀粉的原料得到的淀粉乳为原料与酸发生反应制得的，以及结合酶处理、碱处理、漂白处理和预糊化处理中一种或多种方法加工后制备而成的食品添加剂。目前拥有相关产品生产标准GB 29928—2013《食品安全国家标准 食品添加剂 酸处理淀粉》。

GB 2760—2014《食品安全国家标准 食品添加剂使用标准》中关于酸处理淀粉的规定如下。

功能：增稠剂；

使用范围：可在各类食品中使用；

最大使用量：按生产需要适量使用。

酸处理淀粉

五、马铃薯休闲食品加工技术

马铃薯除了可以做市面上常见的油炸薯片、薯条等休闲食品之外，还可以做曲奇饼干、磅蛋糕等休闲食品，这些产品可以作为餐前餐后的点心，也可以作为家中储备的“干粮”。

1. 马铃薯冰冻曲奇

冰冻曲奇是指在一般饼干的制作过程中，对面团增加了一道冷冻的工序，通过此工序可以使面团各成分之间能更好地结合在一起。另外，冷冻后面团变硬，更方便后面的切割成形，使曲奇饼干的形状更好。

以制作马铃薯橙皮冰冻曲奇饼干为例，其制作的主要原料有低筋小麦粉、马铃薯全粉、黄油、鸡蛋、白砂糖、橙皮等。橙皮在配方中主要起到点缀和简单调味的作用，大家也可以根据口味更换，如花生碎、杏仁碎、榛子碎、蔓越莓等。

原料	低筋小麦粉	黄油	马铃薯全粉	白砂糖	橙皮	鸡蛋	泡打粉
质量（g）	300	200	150	100	100	80	2

具体制作步骤如下：

（1）提前将浸润后的橙皮干切碎，同时取出黄油在室温下软化，用电动打蛋器打至顺滑并不需要打发起来，再加入白砂糖打匀，打至发白，分数次加入蛋液，每次都搅拌均匀。

（2）加入过筛的低筋小麦粉、马铃薯全粉、泡打粉搅拌均匀后加入橙皮，揉成面团。

（3）将混合好的面团搓成方形条状，包上保鲜膜，放入冰箱冷藏2~3h（也可冷冻1h）。

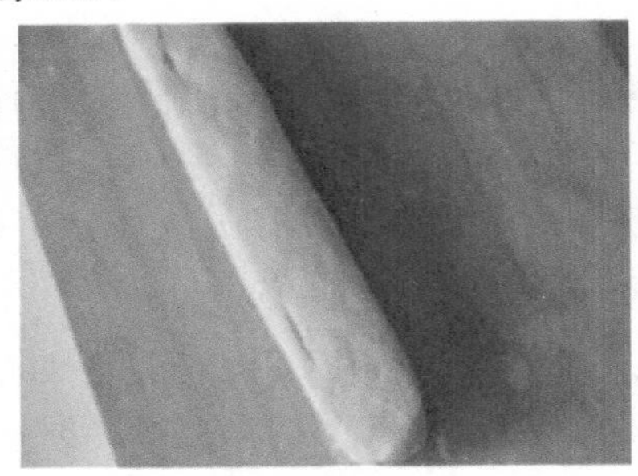

（4）从冰箱取出后，切成2mm左右厚度的薄片，放在烤盘上，180℃烘焙15min取出，马铃薯橙皮冰冻曲奇饼干就做好了。

刚刚烤出来的马铃薯曲奇饼干有些软，摊开晾凉后再吃即酥脆可口，如果当天吃不完，一定要密封装好，否则吸潮后就不酥脆了。

2. 马铃薯磅蛋糕

磅蛋糕源于18世纪的英国，磅蛋糕取名源于制作时只有四样等量材料：一磅[①]糖、一磅面粉、一磅鸡蛋、一磅黄油。因为每样材料各占1/4，所以传到法国，类似的蛋糕也叫四分之一蛋糕。后期磅蛋糕的配方随着口味的变化而有所变化。

制作马铃薯磅蛋糕的主要原料有高筋小麦粉、马铃薯全粉、黄油、鸡蛋、白砂糖、橙皮（可以根据口味更换，如蔓越莓、抹茶等）等。

原料	高筋小麦粉	马铃薯全粉	白砂糖	鸡蛋	香兰素	黄油	蛋糕油	橙皮
质量（g）	100	25	15	250	1.5	160	20	60

① 1磅＝0.453592 kg。

具体制作步骤如下：

（1）提前将橙皮干浸泡、切碎备用，同时取出黄油在室温下软化，用电动打蛋器打至顺滑并不需要打发起来，然后加入白砂糖打匀。

（2）分数次加入蛋液，每次都搅拌均匀（黄油要足够软才能与鸡蛋融合在一起而不会油蛋分离，所以鸡蛋要在常温下提前打匀）。

（3）加入过筛的高筋小麦粉、马铃薯全粉、泡打粉搅拌均匀。

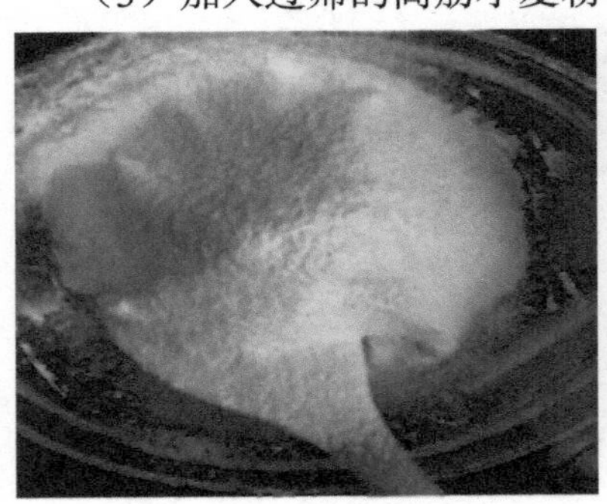

（4）加入香兰素、蛋糕油及橙皮干等拌匀。

（5）在模具内铺上烘焙纸，将面糊放入模型，并把表面整平，然后双手拿起模具，轻轻地叩击模型底部，使面糊均匀填满模型的各个角落，面糊装至模具八分满即可。

（6）将模型置于烤盘中心，再放入已预热至170℃的烤箱中。烘焙约20min后，如果面糊的表面变硬，并微微上色，用蘸过水的小刀在面糊中心纵向划一道线。然后放回烤箱，再烤30~40min。

（7）取出后，先确认裂痕部分是否充分呈现出烘焙过的颜色，然后用竹签插入内部看看，如果竹签没有沾上任何东西就表示烤好了。

为方便食用和储存，可将蛋糕在室温下放凉后切成0.5~1cm的蛋糕片。如果吃不完可以用保鲜膜包起来放入冰箱，冷藏后味道更佳，如果低温保存得当，可以放一个月左右。

3. 马铃薯千层酥塔

千层酥塔，又叫千层酥，是烘焙类点心，因烤好后侧面可见许多分层得名，口感酥酥脆脆、香浓甜美。根据不同品味，做法种类繁多。添加马铃薯粉后的千层酥塔的风味更加独特，自己不妨在家试一试。

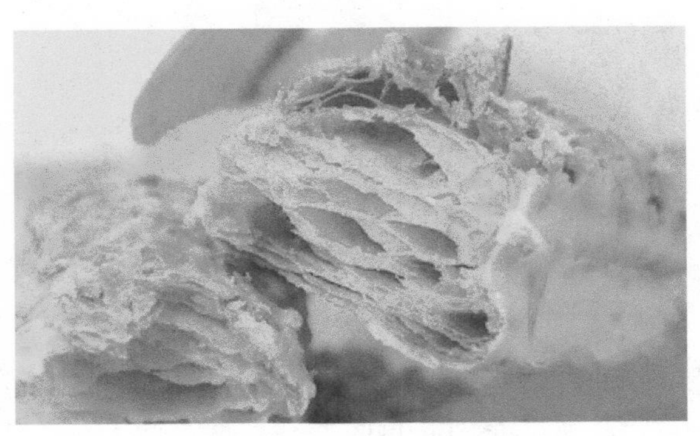

制作马铃薯千层酥塔的主要原料有高筋小麦粉、马铃薯全粉、黄油、鸡蛋、白砂糖、食盐、水、香兰素、起酥油、芝麻（可以根据口味将芝麻换成榛子碎、花生碎、杏仁碎等）。

原料	高筋小麦粉	马铃薯全粉	白砂糖	食盐	鸡蛋	水	香兰素	黄油	起酥油	芝麻
质量（g）	320	160	38	1	33	200	0.4	40	150	65

具体制作步骤如下：

（1）提前将黄油在室温下软化，然后将小麦粉、马铃薯全粉、食盐、白砂糖以及水等加入和面，揉成面团。

（2）揉成的面团不急于马上制作，要包上保鲜膜在4℃冰箱中冷藏一段时间至面团凉透。

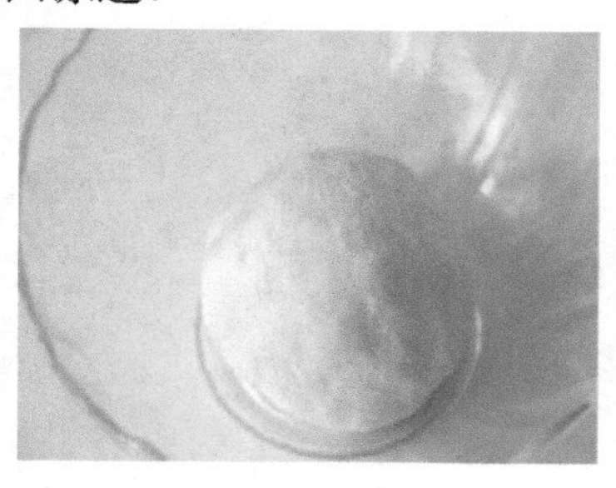

（3）在桌面上撒少许小麦粉，将冷藏后的面团向四周擀开，中间部分厚一些，边缘擀薄些，然后将黄油放入面片中间，包裹好后向四周擀开，擀成长方形。

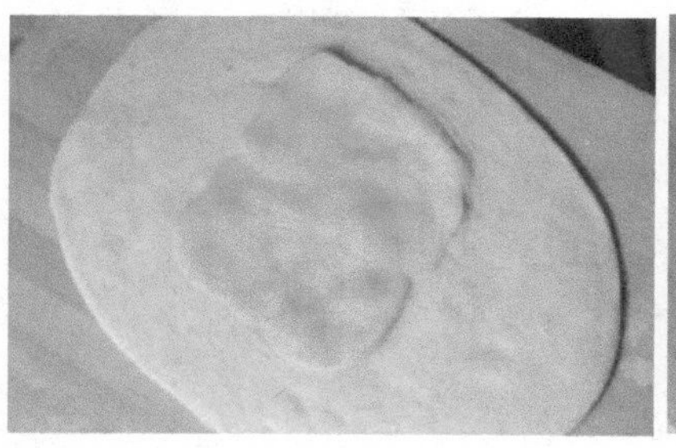

（4）将黄油再放到擀好的面片中裹好，再向四周擀开，擀成长方形，如此重复3~4次。

（5）在形成的面片表面刷一层蛋液，将芝麻撒到表面，然后用刀或者其他工具将面片分切成块放入烤箱，200℃烤20min左右即可。

如果担心马铃薯千层酥塔碎掉，而且又喜欢吃巧克力的话，可以选一些喜欢的巧克力加热熔化，将马铃薯千层酥塔在巧克力浆中蘸一下，然后取出冷却，这样马铃薯千层酥塔就不容易碎了，而且风味更加独特。

后记之薯类加工创新团队

团队名称

薯类加工创新团队

研究方向

薯类加工与综合利用

研究内容

薯类加工适宜性评价与专用品种筛选；薯类淀粉及其衍生产品加工；薯类加工副产物综合利用；薯类功效成分提取及作用机制；薯类主食产品加工工艺及质量控制；薯类休闲食品加工工艺及质量控制；超高压技术在薯类加工中的应用。

团队首席科学家

木泰华 研究员

团队概况

研究团队现有科研人员8名，其中研究员1名，副研究员2名，助理研究员5名。团队2003~2015年期间共培养博士后及研究生61人，其中博士后4名，博士研究生12名，硕士研究生45名。近年来主持或参加“863”项目、“十一五”“十二五”国家科技支撑项目、国家自然科学基金项目、公益性行业（农业）科研专项、现代农业产业技术体系项目、科技部科研院所技术研究开发专项、科技部科技成果转化项目、“948”项目等国家级项目或课题56项。

主要研究成果

甘薯蛋白

（1）采用膜滤与酸沉相结合的技术回收甘薯淀粉加工废液中的蛋白。

（2）纯度达85%以上，提取率达83%。

（3）具有良好的物理化学功能特性，可作为乳化剂替代物。

（4）具有良好的保健特性，如抗氧化、抗肿瘤、降血脂等。

（5）获省部级及学会奖励3项，通过省部级科技成果鉴定及评价3项，获国家发明专利3项，出版专著3部，发表学术论文41篇，其中SCI收录20篇。

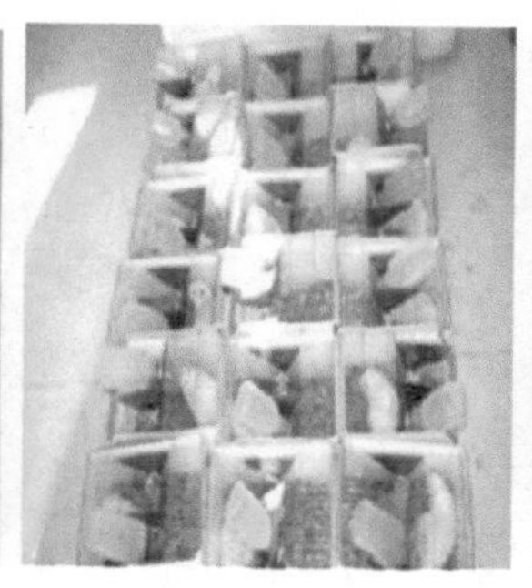
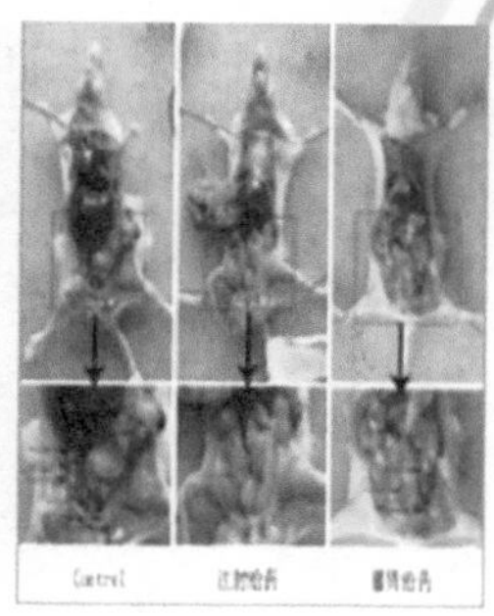

甘薯颗粒全粉

（1）是一种新型的脱水制品，可保存新鲜甘薯中丰富的营养成分。

（2）“一步热处理结合气流干燥”技术制备甘薯颗粒全粉，简化了生产工艺，有效地提高了甘薯颗粒全粉细胞的完整度。

（3）在生产过程中用水量少，废液排放量少，应用范围广泛。

（4）通过农业部科技成果鉴定1项，获得国家发明专利2项，出版专著1部，发表学术论文10篇。

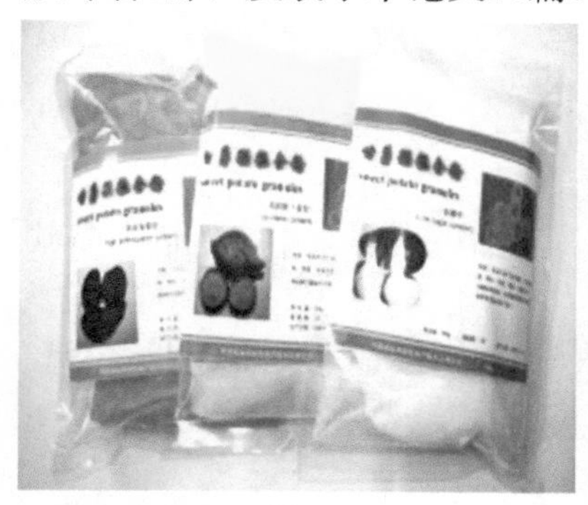
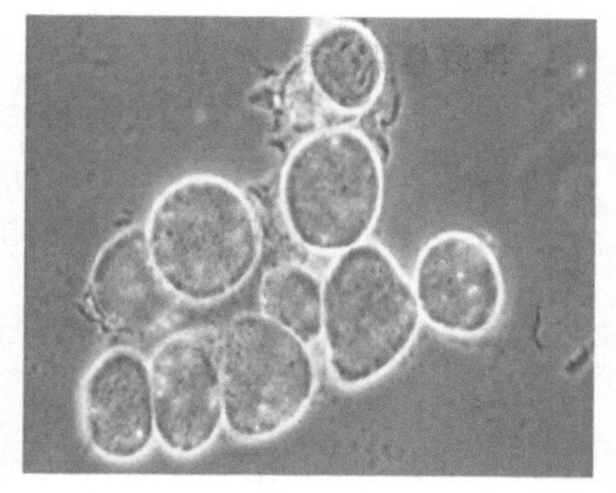

甘薯膳食纤维及果胶

（1）甘薯膳食纤维筛分技术与果胶提取技术相结合，形成了一套完整的连续化生产工艺。

（2）甘薯膳食纤维具有良好的物理化学功能特性；大型甘薯淀粉厂产生的废渣可以作为提取膳食纤维的优质原料。

（3）甘薯果胶具有良好的乳化能力和乳化稳定性；改性甘薯果

胶具有良好的抗肿瘤活性。

（4）获省部级及学会奖励 3项，通过农业部科技成果鉴定1项，获得国家授权专利3项，发表学术论文25篇，其中SCI收录9篇。

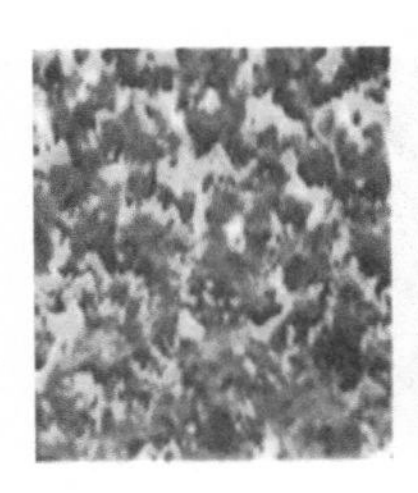

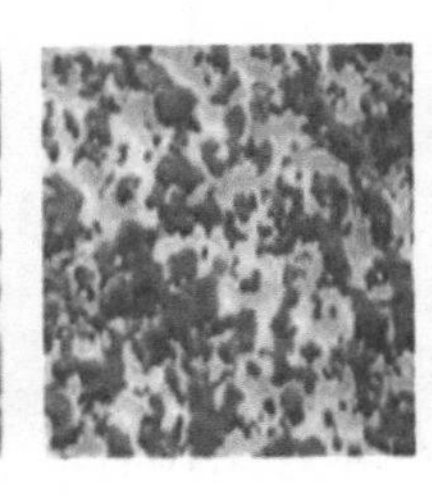

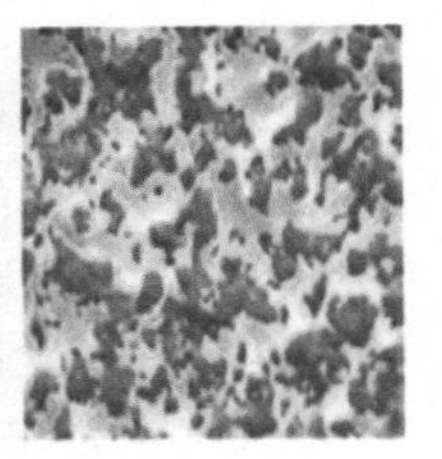

甘薯茎尖多酚

（1）主要由酚酸（绿原酸及其衍生物）和类黄酮（芦丁、槲皮素等）组成。

（2）具有抗氧化、抗动脉硬化、防治冠心病与中风等心血管疾病、抑菌、抗癌等许多生理功能。

（3）申报国家发明专利2项，发表学术论文8篇，其中SCI收录4篇。

紫甘薯花青素

（1）与葡萄、蓝莓、紫玉米等来源的花青素相比，具有较好的光热稳定性。

（2）抗氧化活性是维生素C的20倍，维生素E的50倍。

（3）具有保肝，抗高血糖、高血压，增强记忆力及抗动脉粥样硬化等生理功能。

（4）获国家发明专利1项，发表学术论文4篇，其中SCI收录2篇。

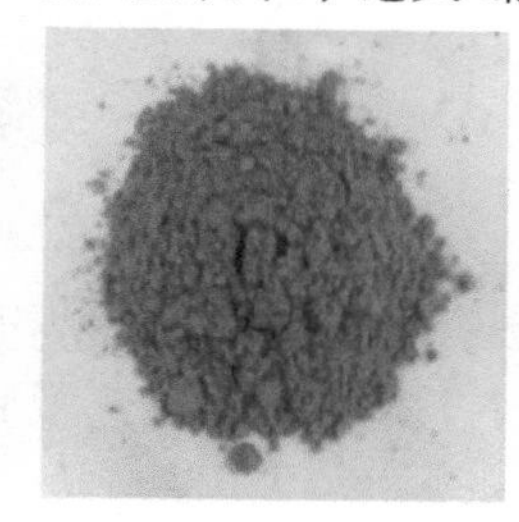

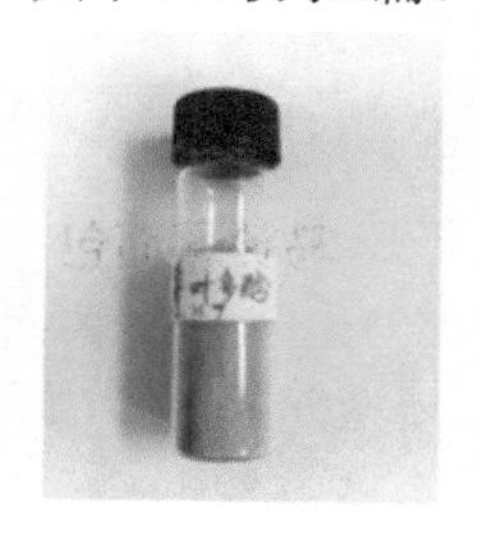

马铃薯馒头

（1）以优质马铃薯全粉和小麦粉为主要原料，采用新型降黏技术，优化搅拌、发酵工艺，使产品由外及里再由里及外地醒发等独创工艺和一次发酵技术等多项专利技术蒸制而成。

（2）突破了马铃薯馒头发酵难、成形难、口感硬等技术难题，成功将马铃薯粉占比提高到40%以上。

（3）马铃薯馒头具有马铃薯特有的风味，同时保存了小麦原有的麦香风味，芳香浓郁，口感松软。马铃薯馒头富含蛋白质，必需氨基酸含量丰富，可与牛奶、鸡蛋蛋白相媲美，更符合世界卫生组织（WHO）/联合国粮食及农业组织（FAO）的氨基酸推荐模式，易于消化吸收；维生素、膳食纤维和矿物质（钾、磷、钙等）含量丰富，营养均衡，抗氧化活性高于普通小麦馒头，男女老少皆宜，是一种营养保健的新型主食，市场前景广阔。

（4）目前已获得国家发明专利5项，发表相关论文3篇。

马铃薯面包

（1）马铃薯面包以优质马铃薯全粉和小麦粉为主要原料，采用新型降黏等多项专利技术、创新工艺及3D环绕立体加热模式焙烤而成。

（2）突破了马铃薯面包成形和发酵难、体积小、质地硬等技术难题，成功将马铃薯粉占比提高到40%以上。

（3）马铃薯面包风味独特，集马铃薯特有风味与纯正的麦香风味于一体，鲜美可口，软硬适中。

（4）目前已获得相关国家发明专利1项，发表相关论文3篇。

马铃薯焙烤系列休闲食品

（1）以马铃薯全粉及小麦粉为主要原料，通过配方优化与改良，采用先进的焙烤工艺精制而成。

（2）添加马铃薯全粉后所得马铃薯焙烤系列食品风味更浓郁、营养更丰富、食用更健康。

（3）马铃薯焙烤类系列休闲食品包括马铃薯磅蛋糕、马铃薯卡思提亚蛋糕、马铃薯冰冻曲奇以及马铃薯千层酥塔等。

（4）目前已获得相关国家发明专利4项。

成果转化

成果鉴定及评价

（1）甘薯蛋白生产技术及功能特性研究（农科果鉴字[2006]第034号），其成果鉴定为国际先进水平。

（2）甘薯淀粉加工废渣中膳食纤维果胶提取工艺及其功能特性的研究（农科果鉴字[2010]第28号），其成果鉴定为国际先进水平。

（3）甘薯颗粒全粉生产工艺和品质评价指标的研究与应用（农科果鉴字[2011]第31号），其成果鉴定为国际先进水平。

（4）变性甘薯蛋白生产工艺及其特性研究（农科果鉴字[2013]第33号），其成果鉴定为国际先进水平。

（5）甘薯淀粉生产及副产物高值化利用关键技术研究与应用（中农（评价）字[2014]第 08号），其成果评价为国际先进水平。

授权专利

（1）甘薯蛋白及其生产技术，专利号：ZL200410068964.6。

（2）甘薯果胶及其制备方法，专利号：ZL200610065633.6。

（3）一种胰蛋白酶抑制剂的灭菌方法，专利号：ZL200710177342.0。

（4）一种从甘薯渣中提取果胶的新方法，专利号：ZL200810116671.9。

（5）甘薯提取物及其应用，专利号：ZL200910089215.4。

（6）一种制备甘薯全粉的方法，专利号：ZL200910077799.3。

（7）一种从薯类淀粉加工废液中提取蛋白的新方法，专利号：ZL201110190167.5。

（8）一种提取花青素的方法，专利号：ZL201310082784.2。

（9）一种提取膳食纤维的方法，专利号：ZL201310183303.7。

（10）一种制备乳清蛋白水解多肽的方法，专利号：ZL201110414551.9。

（11）一种甘薯颗粒全粉制品细胞完整度稳定性的辅助判别方法，专利号：ZL201310234758.7。

（12）甘薯Sporamin蛋白在制备预防和治疗肿瘤药物及保健品中的应用，专利号：ZL201010131741.5。

（13）一种全薯类花卷及其制备方法，专利号：ZL201410679873.X。

（14）提高无面筋蛋白面团发酵性能的改良剂、制备方法及应用，专利号：ZL201410453329.3。

（15）一种全薯类煎饼及其制备方法，专利号：ZL201410680114.6。

（16）一种马铃薯花卷及其制备方法，专利号：ZL201410679874.4。

（17）一种马铃薯渣无面筋蛋白饺子皮及其加工方法，专利号：ZL201410679864.0。

（18）一种马铃薯馒头及其制备方法，专利号：ZL201410679527.1。

（19）一种马铃薯发糕及其制备方法，专利号：ZL201410679904.1。

（20）一种马铃薯蛋糕及其制备方法，专利号：ZL201410681369.3。

（21）一种提取果胶的方法，专利号：ZL201310247157.X。

（22）改善无面筋蛋白面团发酵性能及营养特性的方法，专利号：ZL201410356339.5。

（23）一种马铃薯渣无面筋蛋白油条及其制作方法，专利号：ZL201410680265.0。

（24）一种马铃薯煎饼及其制备方法，专利号：ZL201410680253.8。

（25）一种全薯类发糕及其制备方法，专利号：ZL201410682330.3。

（26）一种马铃薯饼干及其制备方法，专利号：ZL201410679850.9。

（27）一种甘薯茎叶多酚及其制备方法，专利号：ZL201310325014.6。

（28）一种全薯类蛋糕及其制备方法，专利号：ZL201410682327.1。

（29）一种由全薯类原料制成的面包及其制备方法，专利号：ZL201410681340.5。

（30）一种全薯类无明矾油条及其制备方法发明专利，专利号：ZL201410680385.0。

（31）一种全薯类馒头及其制备方法，专利号：ZL201410680384.6。

（32）一种马铃薯膳食纤维面包及其制作方法，专利号：ZL201410679921.5。

（33）一种马铃薯渣无面筋蛋白窝窝头及其制作方法，专利号：ZL201410679902.2。

可转化项目

（1）甘薯颗粒全粉生产技术。

（2）甘薯蛋白生产技术。

（3）甘薯膳食纤维生产技术。

（4）甘薯果胶生产技术。

（5）甘薯多酚生产技术。

（6）甘薯茎叶青汁粉生产技术。

（7）紫甘薯花青素生产技术。

（8）马铃薯发酵主食及复配粉生产技术。

（9）马铃薯非发酵主食及复配粉生产技术。

（10）马铃薯饼干系列食品生产技术。

（11）马铃薯蛋糕系列食品生产技术。

联系方式

联系电话：+86-10-62815541
电子邮箱：mutaihua@126.com
联系地址：北京市海淀区圆明园西路2号中国农业科学院农产品加工研究所科研1号楼
邮编：100193

致谢

在本书完成之际，真诚感谢为本书提供相关产品和实物照片的山东圣琪生物技术有限公司的张继祥主任、北京林业大学的赵宏飞博士，以及中国农业科学院农产品加工研究所的张书文博士和李侠助理研究员，感谢你们的倾情帮助。

作者简介

木泰华　男，1964年3月生，博士，博士生导师，研究员，薯类加工创新团队首席科学家，国家甘薯产业技术体系产后加工研究室岗位科学家。担任中国淀粉工业协会甘薯淀粉专业委员会会长、《淀粉与淀粉糖》编委、*Journal of Integrative Agriculture*（JIA）编委、*Journal of Food Science and Nutrition Therapy*编委、《农产品加工》编委等职。1998年毕业于日本东京农工大学联合农学研究科生物资源利用学科生物工学专业，获农学博士学位。1999~2003年先后在法国Montpellier第二大学食品科学与生物技术研究室及荷兰Wageningen大学食品化学研究室从事科研工作。2003年9月回国，组建了薯类加工团队。现有科研人员8名，其中研究员1名，副研究员2名，助理研究员5名。团队2003~2015年期间共培养博士后及研究生61人，其中博士后4名，博士研究生12名，硕士研究生45名。近年来主持或参加"863"项目、"十一五""十二五"国家科技支撑项目、国家自然科学基金项目、公益性行业（农业）科研专项、现代农业产业技术体系项目、科技部科研院所技术研究开发专项、科技部科技成果转化项目、"948"项目等国家级项目或课题56项。主要研究领域：薯类加工适宜性评价与专用品种筛选；薯类淀粉及其衍生产品加工；薯类加工副产物综合利用；薯类功效成分提取及作用机制；薯类主食产品加工工艺及质量控制；薯类休闲食品加工工艺及质量控制；超高压技术在薯类加工中的应用。

陈井旺　男，1982年5月生，硕士，助理研究员。2006年毕业于河北农业大学食品科技学院，获食品科学与工程学士学位；2009年毕业于西南大学食品科学学院，获食品科学硕士学位；2009年毕业至今在中国农业科学院农产品加工研究所工作。目前主要从事薯类深加工及副产物综合利用方面的研究工作。主持/参与中央基本科研业务费专项、农业行业科研专项、现代农业产业技术体系项目、"十二五"科技支撑计划等项目，先后在国内外核心期刊上发表多篇学术论文，参与获得授权发明专利20项。

何海龙 男，1971年5月生。1994年至今，创办北京市海乐达食品有限公司，任董事长兼总经理；2010年至今，创办滦平县海达浩业养殖专业合作社；2015年至今，创办承德宇都生态农业有限公司；2015年，在与中国农业科学院农产品加工研究所薯类加工团队合作研发下，海乐达食品有限公司生产出了马铃薯馒头、面包、面条、糕点等系列产品并成功上市；2016年，与河北固安县参花面粉有限公司共建主食产业化项目。